中国高等学校电子教育学会黑龙江省分会"十三五"规划教材

# 电工技术

## DIANGONG JISHU

主　编　陈春雨　宋　威　董宏伟
副主编　栾　兵　董　岩

U0341917

哈尔滨工程大学出版社
Harbin Engineering University Press

## 内容简介

本书全面系统地介绍了电工技术的基础知识和基本技术,将基础理论与应用紧密结合,注重体现知识的实用性和前沿性。

全书共分8章,内容包括电路的基本概念和基本定律、电路的分析方法、正弦交流电路、三相正弦交流电路、电路的暂态分析、电机与电器、可编程控制器和供电与安全用电。每章附有大量的习题,并部分习题配有答案。

本书选材合理,结构紧凑,图文并茂,具有重基础和重应用的特色,既可以作为应用型本科院校、高等职业院校电气信息类专业课程的教学用书,也可以作为非电类专业课程的教学用书,还可以作为高职高专、成人高校电类相关专业的教学用书,并可供工程技术人员或电子爱好者参考。

**图书在版编目(CIP)数据**

电工技术/ 陈春雨,宋威,董宏伟主编. —哈尔滨:
哈尔滨工程大学出版社,2017.5
ISBN 978 - 7 - 5661 - 1543 - 0

Ⅰ.①电… Ⅱ.①陈… ②宋… ③董… Ⅲ.①电工
技术 Ⅳ.①TM

中国版本图书馆 CIP 数据核字(2017)第 125048 号

选题策划  吴振雷
责任编辑  张忠远  宗盼盼
封面设计  博鑫设计

出版发行  哈尔滨工程大学出版社
社    址  哈尔滨市南岗区南通大街 145 号
邮政编码  150001
发行电话  0451 - 82519328
传    真  0451 - 82519699
经    销  新华书店
印    刷  北京中石油彩色印刷有限责任公司
开    本  787mm×1 092mm  1/16
印    张  14
字    数  363 千字
版    次  2017 年 5 月第 1 版
印    次  2017 年 5 月第 1 次印刷
定    价  36.00 元
http://www.hrbeupress.com
E-mail:heupress@ hrbeu. edu. cn

# 中国高等学校电子教育学会黑龙江省分会
# "十三五"规划教材编委会

# 前　言

本书根据目前我国职业类教育改革和发展的需要编写而成,其宗旨是紧跟职业类教育改革的特点,满足职业类教育改革的需要,推进技能型人才的培养。本书强调了知识的科学性和实用性的结合,提高了理论内容的实际应用部分所占的比例,在各章节中增加了案例,增加了对新知识、新技术和新工艺的引入,为优化学生的知识结构和将来的上岗就业做了铺垫;加强了学科之间的横向联系,强调了学以致用,如对烦琐的计算编写了计算程序,可供学生课后进一步学习和研究,为学生的个性化发展提供了条件;增强了教材的通用性,淡化了强电和弱电的严格区分和不同专业之间的细小差别,为专业间的互相渗透和培养高职学生综合职业技术能力提供了方便,使本书内容既"必须"又"够用"。本书部分章节可作为选讲内容或留给学生自学,给不同层次的学生留有一定的自由空间。章节后的习题是通过教师多年教学实践的积累而提炼出来的,题目以"应知应会"为目的,紧扣各章节内容,同时紧密结合实际,结合学生对知识的理解来巩固所学的内容,同时给学生留有思考的空间。本书编写过程中借鉴了国内外职业教育的经验和理念,突出了"以学生为中心""以实用为目的"的原则,注意了本课程与前后其他课程的衔接关系,深入浅出,可读性强。

本书由大庆师范学院陈春雨、黑龙江工商学院宋威、董宏伟担任主编,黑龙江工商学院栾兵、哈尔滨华德学院董岩担任副主编。其中,第1章、第2章及第3章的1至3节由陈春雨编写(约10万字);第4章及第3章的4至7节与习题部分由宋威编写(约6万字);第5章及第6章的1至3节由董宏伟编写(约7.3万字);第6章的4至7节与习题部分及第7章的1至3节由栾兵编写(约6万字);第7章的4至5节及习题部分、第8章及附录由董岩编写(约7万字)。

由于编者水平有限,加之时间仓促,错误和疏漏之处在所难免,恳请广大读者批评指正。

编　者

2017年3月

# 目　　录

第1章　电路的基本概念和基本定律 ……………………………………… 1
　1.1　电路的基本概念 ………………………………………………… 1
　1.2　电路的基本物理量 ……………………………………………… 3
　1.3　电阻元件 ………………………………………………………… 10
　1.4　理想电压源和理想电流源 ……………………………………… 16
　1.5　电路的工作状态 ………………………………………………… 18
　1.6　基尔霍夫定律 …………………………………………………… 20
　习题1 ………………………………………………………………… 25
　习题1 参考答案 ……………………………………………………… 28
第2章　电路的分析方法 …………………………………………………… 29
　2.1　电阻的等效变换 ………………………………………………… 29
　2.2　支路电流法 ……………………………………………………… 34
　2.3　节点电压法 ……………………………………………………… 35
　2.4　叠加定理 ………………………………………………………… 37
　2.5　等效电源定理 …………………………………………………… 39
　2.6　最大功率传输定理 ……………………………………………… 43
　习题2 ………………………………………………………………… 46
　习题2 参考答案 ……………………………………………………… 48
第3章　正弦交流电路 ……………………………………………………… 49
　3.1　正弦交流电的基本概念 ………………………………………… 49
　3.2　正弦量相量表示法 ……………………………………………… 52
　3.3　三种基本电路元件伏安关系的相量表示 ……………………… 55
　3.4　阻抗和导纳 ……………………………………………………… 60
　3.5　正弦交流电路的功率 …………………………………………… 66
　3.6　功率因数的提高 ………………………………………………… 68
　3.7　电路的谐振状态 ………………………………………………… 70
　习题3 ………………………………………………………………… 74
　习题3 参考答案 ……………………………………………………… 77
第4章　三相正弦交流电路 ………………………………………………… 78
　4.1　三相电源 ………………………………………………………… 78
　4.2　三相负载的连接及其电压和电流关系 ………………………… 82
　4.3　对称三相电路的计算 …………………………………………… 85
　4.4　负载的功率 ……………………………………………………… 87
　习题4 ………………………………………………………………… 89
　习题4 参考答案 ……………………………………………………… 91

第 5 章　电路的暂态分析 ……………………………………………… 92
　5.1　动态电路方程的建立 ……………………………………… 92
　5.2　电路初始条件的确定 ……………………………………… 94
　5.3　一阶电路的零输入响应 …………………………………… 96
　5.4　一阶电路的零状态响应 …………………………………… 100
　5.5　一阶电路的全响应 ………………………………………… 103
　5.6　一阶电路的三要素法 ……………………………………… 103
　习题 5 …………………………………………………………… 107
　习题 5 参考答案 ………………………………………………… 110
第 6 章　电机与电器 …………………………………………………… 111
　6.1　磁路与变压器 ……………………………………………… 111
　6.2　三相交流异步电动机 ……………………………………… 120
　6.3　低压电器和基本控制电路 ………………………………… 133
　6.4　三相异步电动机继电接触基本控制电路 ………………… 139
　6.5　电动机时间控制与行程控制 ……………………………… 142
　6.6　电动机制动控制 …………………………………………… 144
　6.7　控制线路的短路保护 ……………………………………… 146
　习题 6 …………………………………………………………… 148
第 7 章　可编程控制器 ………………………………………………… 150
　7.1　可编程控制器概述 ………………………………………… 150
　7.2　可编程控制器的编程方式及编程元件 …………………… 152
　7.3　F-40M 的指令系统 ………………………………………… 156
　7.4　可编程控制器控制电路程序设计方法 …………………… 170
　7.5　几种常用基本电路的 PLC 控制 ………………………… 172
　习题 7 …………………………………………………………… 178
第 8 章　供电与安全用电 ……………………………………………… 180
　8.1　发电和输电概述 …………………………………………… 180
　8.2　工业企业配电 ……………………………………………… 182
　8.3　安全用电 …………………………………………………… 183
　8.4　防雷保护 …………………………………………………… 189
　8.5　漏电开关 …………………………………………………… 190
　习题 8 …………………………………………………………… 192
附　录 …………………………………………………………………… 193
　附录 A　电工仪表简介 ………………………………………… 193
　附录 B　常用电工工具及仪表的使用 ………………………… 195
　附录 C　用电安全及防护 ……………………………………… 208
参考文献 ………………………………………………………………… 213

# 第1章　电路的基本概念和基本定律

## 【本章要点】

本章介绍电路的一些基本概念、电路中常用的基本物理量、基尔霍夫定理、电路等效变换的概念以及电阻的串联和并联。通过本章的学习掌握基尔霍夫定理的应用及参考方向在电路分析中的作用。

## 1.1　电路的基本概念

### 1.1.1　电路的组成及其基本功能

在实际生产和生活中,为了实现某种实际功能,用导线将一些具有电气特性的元件相互连接形成电流的通路,这就是实际电路。

以日常生活中的手电筒电路为例,如图1-1(a)所示,实际电路一般由三部分构成。第一部分是电源电路,为后续电路提供能量,它是产生电能和电信号的装置,如电池等;第二部分是负载电路,是将电能转换成其他形式的能量或者将电信号传输给其他的电路,如灯泡等;第三部分是传输和控制电路,它的作用是将电能传输给负载或对其进行相应的控制,如导线、控制电路通断的开关等。电路模型如图1-1(b)所示。

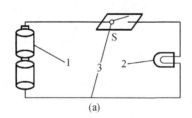 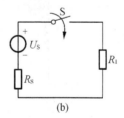

(a)　　　　　　　　　　　　　　　(b)

**图1-1　实际电路的组成和电路模型**

(a)实际电路的组成;(b)电路模型

1—电源电路;2—负载电路;3—传输和控制电路

实际电路有以下两方面作用:

(1)实现能量传输、转换,如电力系统。发电机将其他形式的能源转换为电能,再通过变压器和输电线路将电能输送给企业生产线、办公场所及千家万户的用电设备,这些用电设备再将电能转换为机械能、热能、光能或其他形式的能量,具有这种功能的电路一般被称为电力电路。

(2)实现信号的处理、转换和传输,如收音机或电视机电路,是将接收到的电信号经过调谐、滤波、放大等处理,使其成为人们所需要的其他信号。通信系统则是建立在信息的发送者和接收者之间用来完成信息的处理和传递的实际电路,这样的电路一般被称为电子电路。电路的这种作用在现代自动控制技术、通信技术和计算机技术中都得到了广泛的应用。

### 1.1.2　理想电路元件及电路模型

实际电气器件的电磁性质比较复杂,为了便于分析实际电路,人们根据实际器件的主要电磁性能引入一些由数学定义的假想电路元件,称为理想电路元件,简称元件。可将电路元件理想化(或称模型化),忽略其次要因素,将其近似地看作理想电路元件。例如,白炽灯主要消耗电能,对电流呈现“阻力”的电阻性质,通过电流要消耗电能,又有磁能产生,磁能相对消耗的电能十分微弱,可以只考虑其消耗电能的性能而忽略其磁场的作用,故可将白炽灯近似地看作纯电阻元件。

每种电路元件所表现的基本现象,都可以用精确的数学表达式来描述,都可以用确定的电磁性能和精确的数学关系来定义。在一定条件下,用这些元件或元件的组合模拟实际电路中的器件,该模型即为电路模型。

常用的电路模型有以下四种:

(1)电阻元件。把主要电磁特性为消耗电能的实际器件用电阻元件模型来表征,其电路模型如图 1-2(a)所示,如灯泡等。

(2)电感元件。把主要电磁特性为存储磁场能量的实际器件用电感元件来表征,其电路模型如图 1-2(b)所示,如电感线圈等。

(3)电容元件。把主要电磁特性为存储电场能量的实际器件用电容元件模型来表征,其电路模型如图 1-2(c)所示,如电容器等。

(4)电源元件。把主要电磁特性为提供电能的实际器件或设备用电源元件来表征,其电路模型如图 1-2(d)(e)所示,如电池、发电机等。

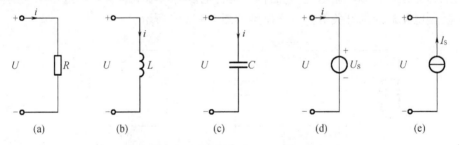

**图 1-2　常用电路元件理想电路模型**

(a)电阻元件;(b)电感元件;(c)电容元件;(d)电源元件 1;(e)电源元件 2

用规定的电路符号表示各种理想元件而得到的电路模型图称为电路原理图,简称电路图。电路图只反映电气设备在电磁方面相互联系的实际情况,图 1-1(b)就是一个按规定符号画出的图 1-1(a)的电路图。

**注意**　理想元件不完全等同于电路器件,而一个电路器件在不同条件下的电路模型也可能不同;电路模型是对实际电路在一定程度上的近似反映,反映得越精确,建立的模型将越复杂;电路理论研究的对象不是实际电路,而是电路模型。电路模型简称为电路。从给定的电路模型研究功能就是电路分析;从给定电路的性能指标探讨如何构成一个符合要求的电路模型则是电路设计。

# 1.2　电路的基本物理量

## 1.2.1　电流及其参考方向

**1. 电流**

电荷定向移动形成电流。把单位时间内通过导体横截面的电荷量定义为电流强度,简称电流,用符号 $i$ 来表示,即

$$i = \frac{q}{t} \tag{1-1}$$

式中,$q$ 表示在时间 $t$ 内通过的电荷量。

习惯上规定正电荷运动的方向(即负电荷的反方向)为电流的实际方向。

大小和方向不随时间变化的电流叫作恒定电流或者直电流,简称直流(记作 DC 或 dc),一般用大写字母 $I$ 表示,并有

$$I = \frac{q}{t} \tag{1-2}$$

周期性变动且平均值为零的电流称为交变电流,简称交流(记作 AC 或 ac),其量值或方向随时间变化,通常用小写字母 $i$ 或 $i(t)$ 表示。

本书物理量采用国际单位制(SI)。电荷的 SI 单位是库仑,简称库,符号为 C;时间的 SI 单位为秒,符号为 s;电流的 SI 单位是安培,简称安,符号为 A;若每秒通过某处的电荷量为 1 C,电流为 1 A,则 1 A = 1 C/s。将电流的 SI 单位冠以词头(表 1-1),即可得到电流的十进制倍数单位和分数单位,常用的有千安(kA)、毫安(mA)、微安(μA)等。

**表 1-1　常用 SI 词头**

| 因数 | $10^9$ | $10^6$ | $10^3$ | $10^2$ | $10^1$ | $10^{-1}$ | $10^{-2}$ | $10^{-3}$ | $10^{-6}$ | $10^{-9}$ | $10^{-12}$ |
| --- | --- | --- | --- | --- | --- | --- | --- | --- | --- | --- | --- |
| 名称 | 吉 | 兆 | 千 | 百 | 十 | 分 | 厘 | 毫 | 微 | 纳 | 皮 |
| 符号 | G | M | k | h | da | d | c | m | μ | n | p |

在通信和计算机技术中常用毫安(mA)、微安(μA)作为电流的单位。它们的关系是

$$1 \text{ mA} = 10^{-3} \text{ A}$$
$$1 \text{ μA} = 10^{-6} \text{ A}$$

**2. 电流的参考方向**

电流的方向是客观存在的,为了分析计算的方便,人们应用正负数的概念,用一个代数量同时表达电流的大小和方向。例如,在图 1-3 中电流可从 $a$ 流向 $b$ 或相反,分别用 $i_{ab}$ 和 $i_{ba}$ 表示。电流的方向也可以用"→"表示。

对于一个给定的电路,很难直接确定某一电路元件中实际电流的方向。在电路分析中,为了分析计算的方便,常常需要预先假设一个电流方向。这个预先假设的电流方向称为参考方向。

电流的参考方向可以任意选定,但一经选定就不能再改变,规定了参考方向以后,电流就是一个代数量。若电流为正值,则电流的实际方向与参考方向一致;若电流为负值,则电流的

实际方向与参考方向相反。或者说,若电流的实际方向与参考方向一致,电流为正;若电流的实际方向与参考方向相反,电流为负。这样就可以利用电流的参考方向和电流的正负值来判断电流的实际方向。应当注意,在未规定参考方向的情况下,电流的正负号是没有意义的。

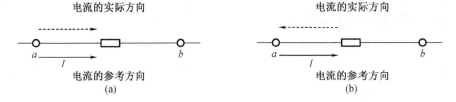

**图 1-3　电流的参考方向与实际方向**

(a)$I>0$;(b)$I<0$

例如,当电流 $i=3$ A $>0$ 时,表示电流的实际方向从 $a$ 到 $b$,如图 1-3(a)所示;当电流 $i=-3$ A $<0$ 时,表示电流的实际方向从 $b$ 到 $a$,如图 1-3(b)所示。

### 1.2.2　电压、电位与电动势及其参考方向

电路中电流的存在伴随着能量的转换,电压或电位差就是用来描述电路这一特性的物理量。

1. 电压

电荷在电场(库仑电场)中从一点移动到另一点时,它所具有的能量的改变量只和这两点的位置有关,而与移动路径无关。电压这个物理量就是根据此定义的。电路中 $a$,$b$ 两点间的电压为单位正电荷在电场力的作用下由 $a$ 点移动到 $b$ 点时减少的能量(也可说是电场力所做的功),用符号 $u_{ab}$ 表示,即

$$u_{ab}=\frac{\mathrm{d}W_{ab}}{\mathrm{d}q} \tag{1-3}$$

式中,$\mathrm{d}q$ 为由 $a$ 点移动到 $b$ 点的电荷量;$\mathrm{d}W_{ab}$ 为转移过程中电荷减少的能量。

电压表明单位正电荷在电场力作用下转移时减少的电能,减少电能体现为电位的降低(从高电位点到低电位点),所以电压的方向是电位降低的方向。电压的 SI 单位是伏特,简称伏,符号为 V,它等于 1 C 的正电荷沿电场力方向能量减少了 1 J。在工程应用中经常用千伏(kV)、毫伏(mV)等单位。它们的关系是

$$1\ \mathrm{kV}=10^{3}\ \mathrm{V}$$

$$1\ \mathrm{mV}=10^{-3}\ \mathrm{V}$$

电压的实际方向规定从高电位指向低电位,即由"+"极指向"-"极,因此,在电压的实际方向上电位是逐渐降低的。和电流类似,在比较复杂的电路中,两点间电压的实际方向往往很难预测,所以也要事先选择一个参考方向。若参考方向与实际方向相同,则电压为正;若参考方向与实际方向相反,则电压为负,如图 1-4 所示。

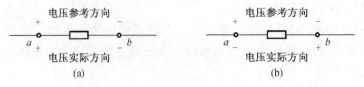

**图 1-4　电压的参考方向与实际方向**

(a)$U>0$;(b)$U<0$

电压的参考方向可用箭头表示,也可以用"+""-"表示,"+"表示高电位,"-"表示低电位。符号可用 $U_{ab}$ 表示。

一个元件的电压、电流的参考方向可以任意选定,若元件的电压、电流参考方向的选择如图 1-5(a)所示,即电流从电压的"+"端流入,从电压的"-"端流出,这样选取的参考方向称为 $U$ 和 $I$ 的关联参考方向。相反,若 $U$ 和 $I$ 的参考方向选取如图 1-5(b)所示,则称为非关联参考方向。

**图 1-5 关联参考方向与非关联参考方向**

(a)关联参考方向;(b)非关联参考方向

**2. 电位**

分析电子电路,常应用电位这一物理量。在电路中任选一点 $O$ 作为参考点,则某点 $a$ 的电位就是由点 $a$ 到参考点 $O$ 的电压,用 $\varphi_a$ 表示,即

$$\varphi_a = u_{aO}$$

至于参考点本身的电位,乃是参考点对参考点的电压,显然为零,所以参考点又叫零电位点。

电压和电位的关系为 $a,b$ 两点间的电压等于这两点间的电位之差,即

$$u_{ab} = u_{aO} + u_{Ob} = u_{aO} - u_{bO} = \varphi_a - \varphi_b \tag{1-4}$$

式中,$\varphi_a$ 为 $a$ 点电位;$\varphi_b$ 为 $b$ 点电位。

所以两点间的电压等于这两点间的电位差,即电压又叫电位差。电位的单位也为伏特,符号为 V。

电位的参考点可以任意选取,参考点选择不同,同一点的电位相应不同,但电压与参考点的选择是无关的。在任意一个系统中只能选择一个参考点,至于如何选择参考点,则需要根据分析计算问题的方便而定。常常选择大地、设备外壳或接地点作为参考点,电子电路中常选各有关部分的公共线上的一点作为参考点,参考电位点常用接地符号表示。

**【例 1-1】** 如图 1-6 所示的电路中,已知 $u_{ab} = 8$ V,$u_{bc} = 2$ V,试确定在分别以 $c,b$ 作为参考点时的 $a,b,c$ 的电位值。

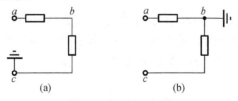

**图 1-6 【例 1-1】图**

(a)$c$ 点为参考点;(b)$b$ 点为参考点

**解** 如图 1-6(a)所示,选 $c$ 点为参考点,则 $\varphi_c = 0$,$\varphi_a = u_{ac} = u_{ab} + u_{bc} = 10$ V;如图 1-6(b)所示,选 $b$ 点为参考点,则 $\varphi_b = 0$,$\varphi_a = u_{ab} = 8$ V,$\varphi_c = u_{cb} = -2$ V。

**3. 电动势**

在电场力的作用下,正电荷是从高电位点向低电位点移动。为了形成连续的电流,在电源中正电荷必须从低电位点移到高电位点。这就要求在电源中有一种电源力,正电荷在电源力的作用下将从低电位处移向高电位处。例如,在发电机中,当导体在磁场中运动时,导体内便出现这种电源力,这种电源力是由电磁作用产生的,电池中的电源力是由电解液和极板间的化学作用产生的。由于电源力而使电源两端具有的电位差叫作电动势。电动势表明了单位正电荷在电源力的作用下转移时增加的电能,用 $e$ 表示,即

$$e = \frac{dW_s}{dq} \tag{1-5}$$

式中    $dq$——转移的电荷量;

    $dW_s$——转移过程中电荷增加的电能。

增加电能体现为电位的升高(从低电位点到高电位点),所以规定电动势的方向是电位升高的方向。把电位高的一端叫作正极,电位低的一端叫作负极,则电动势的方向规定从负极到正极。电动势的单位为伏特,符号为 V。

按电压和电动势随时间变化的情况,可以分为直流电和交流电。如果电压、电动势的量值与方向都不随时间而变动,则分别称为直流电压和直流电动势,分别用符号 $U$ 和 $E$ 表示。周期性变动且平均值为零的电压和电动势称为交变电压和交变电动势,分别用符号 $u$ 和 $e$ 表示。

**4. 电压、电动势的参考方向**

电压也像电流一样,需要指定参考方向。如图 1-7 所示,假设 $a$ 为高电位,$b$ 为低电位,电压的参考方向有以下三种表示方法。

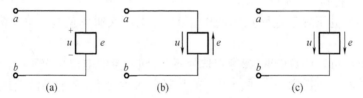

**图 1-7    电压和电动势的参考方向**

(a)参考极性表示;(b)电动势和电压的参考方向相反;(c)电动势和电压的参考方向相同

(1)采用参考极性表示

“+”号表示高电位端,“−”号表示低电位端。当表示电压的参考方向时,标以电压符号 $u$,这时正极指向负极的方向就是参考方向;当表示电动势的参考方向时,标以电动势符号 $e$,负极指向正极就是电动势的参考方向,如图 1-7(a)所示。

(2)采用带箭头的实线表示

用“→”的起点表示高电位,终点表示低电位。如图 1-7(b)所示,用带箭头的实线表示在电路图上,并标以电压符号 $u$ 或电动势符号 $e$。对于同一个处于开路状态的电源设备,它的电动势与电压方向相反而量值相等。若选择电动势和电压的参考方向相反时[图 1-7(b)],则有 $e = u$;若选择电动势和电压的参考方向一致时[图 1-7(c)],则有 $e = -u$。

(3)采用双下标表示

如图 1-7(c)所示的电路中,如 $u_{ab}$ 表示电压的参考方向是由 $a$ 点指向 $b$ 点;$e_{ba}$ 表示电

动势的参考方向是由 $b$ 点指向 $a$ 点。

在电路分析中,经计算,如果 $u_{ab}>0$,则表示实际电位是 $a$ 点高于 $b$ 点;如果 $u_{ab}<0$,则表示实际电位是 $b$ 点高于 $a$ 点。电路中电压的实际方向由参考方向和计算的结果共同决定。

5. 关联参考方向

支路的电流和端钮间的电压分别叫作支路电流和支路电压。支路电流参考方向和支路电压参考方向可以分别独立规定。一个支路电流、支路电压,可以选择一致的参考方向,叫作关联参考方向,即电流的参考方向是从电压的" + "极流入," - "极流出,如图 1 - 8(a)所示;也可以选择不一致的参考方向,即电流从电压参考方向的负极性端流入,正极性端流出,叫作非关联参考方向,如图 1 - 8(b)所示。

$$(a) \qquad\qquad (b)$$

**图 1 - 8　关联和非关联参考方向**

(a)关联参考方向;(b)非关联参考方向

## 1.2.3　电功率和电能

电路分析中除了电流和电压以外,电功率和能量也是常用物理量。用来衡量传送或转换电能的速率,简称功率。其量值定义为微时间段 $\Delta t$ 内所传送或转换的电能 $\Delta W$ 与 $\Delta t$ 之比,当后者趋于零时的极限,即

$$P \stackrel{\text{def}}{=\!=} \lim_{\Delta t \to 0} \frac{\Delta W}{\Delta t} = \frac{\mathrm{d}W}{\mathrm{d}t} \tag{1-6}$$

实际的电气设备、元器件本身都有功率的限制,即额定功率。在使用时要注意其电压、电流是否超过额定值。若超过额定值(即过载),设备或元器件就会损坏,或是不能正常工作。

电路元件的电功率取决于元件两端电压和所在支路的电流。当正电荷从元件的高电位点经过元件移动到低电位点时,电场力对电荷做正功,此时称元件吸收(消耗)电能或吸收(消耗)功率;当正电荷从元件的低电位点经过元件移动到高电位点时,电场力对电荷做负功,此时称该元件为发出电能或发出功率。

某一电路元件两端电压和电流取关联参考方向时,定义吸收功率

$$P = \frac{\mathrm{d}W}{\mathrm{d}t} = ui \tag{1-7}$$

功率的 SI 单位是瓦特,符号为 W,1 W = 1 V × 1 A。常用的单位还有千瓦(kW)、毫瓦(mW)等。它们的关系是

$$1 \text{ kW} = 10^3 \text{ W}$$

$$1 \text{ mW} = 10^{-3} \text{ W}$$

如果所选定的电压和电流取非关联参考方向,则式(1-7)就代表从该电路"发出"的功率。一段电路实际是吸收功率还是发出功率,要同时依据计算时所选择的电压、电流参考方向和计算结果的符号来判定。

【例 1 - 2】　如图 1 - 9 所示的电路,已知 $U_1 = 1$ V,$U_2 = -6$ V,$U_3 = -4$ V,$U_4 = 5$ V,$U_5 = -10$ V;$I_1 = 1$ A,$I_2 = -3$ A,$I_3 = 4$ A,$I_4 = -1$ A,$I_5 = -3$ A,试求各元件的功率,并判断

实际是吸收功率还是发出功率。

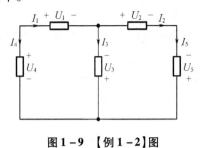

图 1-9 【例 1-2】图

**解** (1)$U_1$,$I_1$ 关联参考方向,定义吸收功率,则

$$P_1 = U_1 I_1 = 1 \text{ V} \times 1 \text{ A} = 1 \text{ W} > 0$$

实际电路元件确实吸收 1 W 功率。

(2)$U_2$,$I_2$ 关联参考方向,定义吸收功率,则

$$P_2 = U_2 I_2 = (-6) \text{ V} \times (-3) \text{ A} = 18 \text{ W} > 0$$

实际电路元件确实吸收 18 W 功率。

(3)$U_3$,$I_3$ 非关联参考方向,定义发出功率,则

$$P_3 = U_3 I_3 = (-4) \text{ V} \times 4 \text{ A} = -16 \text{ W} < 0$$

发出 -16 W 功率,实际电路元件确实吸收 16 W 功率。

(4)$U_4$,$I_4$ 关联参考方向,定义吸收功率,则

$$P_4 = U_4 I_4 = 5 \text{ V} \times (-1) \text{ A} = -5 \text{ W} < 0$$

吸收 -5 W 功率,实际电路元件确实发出 5 W 功率。

(5)$U_5$,$I_5$ 非关联参考方向,定义发出功率,则

$$P_5 = U_5 I_5 = (-10) \text{ V} \times (-3) \text{ A} = 30 \text{ W} > 0$$

实际电路元件确实发出 30 W 功率。

**注意** 电路中各元件发出功率的总和等于吸收功率的总和,这就是电路的"功率平衡"。

判断实际电路元件是吸收功率还是发出功率的一般分析方法如下:

1. 当 $u$ 和 $i$ 在关联参考方向下时,定义吸收功率

如果 $P > 0$,那么元件确实吸收功率;

如果 $P < 0$,那么元件确实发出功率。

2. 当 $u$ 和 $i$ 在非关联参考方向下时,定义发出功率

如果 $P > 0$,那么元件确实发出功率;

如果 $P < 0$,那么元件确实吸收功率。

元件吸收的电能可根据电压的定义求得,从 $t_0$ 到 $t$ 时间段内的电能可表示为

$$W = \int_{q(t_0)}^{q(t)} u \mathrm{d}q = \int_{t_0}^{t} u(\xi) i(\xi) \mathrm{d}\xi \tag{1-8}$$

判断元件是吸收电能还是发出电能与判断吸收功率和发出功率一样,由式(1-8)的计算结果和电流电压的参考方向共同决定。

## 1.2.4 电位

电场(电路)中某点的电位就是单位正电荷在该点所具有的电位能(电势能)。

单位正电荷在电场(电路)中任一点 $A$ 上,相对于不同的点,其电位不同,故考虑 $A$ 点电位时,一定要指明是相对于某个点 $N$ 的电位,这里的 $N$ 称为参考点。参考点的电位为零,参考点的符号为"⊥"。如图 1-10 中 $d$ 点就是参考点。参考点可任意选择,但同一电路中只能有一个参考点,若几个点都标了参考点符号,这些点就是短路线连接起来的同一个点。

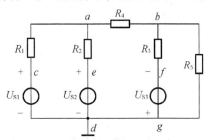

图 1-10　电位示意图

(1)电路中任一点的电位,就是该点到参考点的电压。图 1-10 中 $d$ 点为参考点,$d$ 点的电位 $V_d = 0$,$a$ 点的电位 $V_a = U_{ad}$,$b$ 点的电位 $V_b = U_{bd}$。

(2)任意两点间的电压就是这两点之间的电位差。例如,$U_{ab} = V_a - V_b$。

这是因为,若以 $o$ 为参考点,则 $V_a = U_{ao}$,$V_b = U_{bo}$,$a$、$b$ 间的电位差为

$$V_a - V_b = U_{ao} - U_{bo} = U_{ao} + U_{ob} = U_{ab}$$

电压的正值方向(实际方向)是从高电位(+)指向低电位(-)。

(3)参考点改变,电路中各点的电位均改变,但各点间的电压不变。在图 1-10 中,以 $d$ 点为参考点时

$$V_c = U_{S1}, V_e = U_{S2}, V_f = -U_{S3}$$
$$U_{ce} = V_c - V_e = U_{S1} - U_{S2}$$
$$U_{ef} = V_e - V_f = U_{S2} + U_{S3}$$

若以 $c$ 点为参考点时,各点电位均改变,$V_c = 0$,$V_e = U_{S2} - U_{S1}$,$V_f = -U_{S3} - U_{S1}$,但 $U_{ce} = V_c - V_e = U_{S1} - U_{S2}$,$U_{ef} = V_e - V_f = U_{S2} + U_{S3}$,各点间的电压不变。

【例 1-3】　在某电路中,以 $C$ 为参考点时 $V_A = 3$ V,$U_{AB} = -5$ V。试问:(1)$A$,$B$ 两点谁的电位高?(2)若以 $B$ 点为参考点,求 $A$,$B$,$C$ 三点的电位。

**解**　(1)因为

$$V_A - V_B = U_{AB} = -5 \text{ V}$$

所以 $B$ 点电位比 $A$ 点电位高 5 V。

(2)以 $C$ 点为参考点时,$V_A = 3$ V,即 $U_{AC} = 3$ V。以 $B$ 点为参考点时 $V_B = 0$ V,有

$$V_A = U_{AB} = -5 \text{ V}$$
$$V_C = U_{CB} = U_{CA} + U_{AB} = (-3) \text{V} + (-5) \text{V} = -8 \text{ V}$$

(4)电路中若选定了参考点,则各点电位就确定了。在电路中,若电源接在某点与参考点之间,通常可以不画电源,而是标出该点的电位。

图 1-11(a)中的电路可以简化为图 1-11(b)。在图 1-8(b)中虽然没有标出参考

点,但参考点是确定存在的。

(5)短路线连接的点是等电位点。图 1 – 12 中 $b$ 点和 $c$ 点是等电位点,成一个点,即 $b$ 点就是 $c$ 点。像这种情形,以后电路中将只标一个字母 $b$,电路中有短路线连接的等电位点,可当作短路线连接成的一个点。

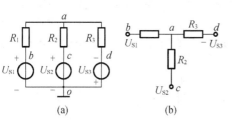 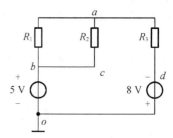

图 1 – 11　电路的简化　　　　　　　　　图 1 – 12　电路图

## 1.3　电阻元件

工程中的电阻称为电阻器,是一种耗能元件,在电路中主要用于控制电压、电流的大小,或与其他元件一起构成具有特殊功能的电路。

电阻是一个无源的二端元件,通常把反映消耗电场能量电磁特性的一类元件用电阻元件的电路模型表示,实际色环电阻元件示例如图 1 – 13 所示。

图 1 – 13　实际色环电阻元件示例

### 1.3.1　电阻元件伏安特性

图 1 – 14(a)为电阻元件的电路模型,取其端口电压 $u$ 和端口电流 $i$ 为关联参考方向。将电阻元件端口电压和端口电流直接在坐标系上描绘的曲线称为电阻元件的伏安特性曲线。对于线性电阻元件来说,它的伏安特性曲线是经过原点的一条直线,如图 1 – 14(b)所示。

由图 1 – 14(b)所示的伏安特性曲线可知,在任意时刻,线性电阻元件的电流和电压同时出现并且同时消失,无记忆能力,故称电阻元件为无记忆元件。伏安特性曲线的斜率为电阻大小。

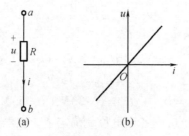

图 1 – 14　电阻的电路模型及伏安特性曲线

(a)电阻元件的电路模型;(b)伏安特性曲线

电阻元件的特性可以用电阻表示,也可以用电阻的倒数——电导表示。电导用符号 $G$ 表示,即 $G = \dfrac{1}{R}$。国际单位制中,电流的单位是安培(A),电压的单位是伏特(V),电阻的单位是欧姆(Ω),电导的单位是西门子(S),简称西。

线性二端电阻元件的端口电压与端口电流之间满足欧姆定律。下面介绍线性二端电阻元件端口电压 $u$ 和电流 $i$ 关联参考方向和非关联参考方向下欧姆定律两种不同表达式。

(1)当电压 $u$ 和电流 $i$ 取关联参考方向时,欧姆定律为

$$\begin{cases} u = Ri = \dfrac{1}{G}i \\ i = \dfrac{1}{R}u = Gu \end{cases} \tag{1-9}$$

(2)当电压 $u$ 和电流 $i$ 取非关联参考方向时,欧姆定律为

$$\begin{cases} u = -Ri = -\dfrac{1}{G}i \\ i = -\dfrac{1}{R}u = -Gu \end{cases} \tag{1-10}$$

### 1.3.2 电阻的连接与等效

1. 电阻的串联

(1)电阻串联的连接结构

几个电路元件沿着单一路径互相连接,每个连接点最多只连接两个元件,此连接方式称为串联。以串联方式连接的电路称为串联电路。串联的各个电路元件电流相等。两个电阻串联的电路,如图 1-15(a)所示。

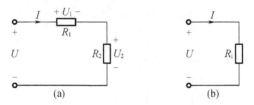

**图 1-15 电阻的串联**

(a)两个电阻串联;(b)串联等效电阻

(2)电阻串联的等效电阻

等效电路是电路分析中很重要的一个概念,通过等效变换可以把多个元件组成的电路简化为只有少数几个元件构成的单个回路或一个节点的电路甚至单元件电路。它是将复杂电路变为简单电路的工具,在电路分析中经常使用等效变换。

如图 1-15(b)所示,电阻串联可将其等效成一个电阻,称为等效电阻,用 $R_i$ 表示。设电阻两端电压和电流关联参考方向,则有

$$U = U_1 + U_2 = R_1 I + R_2 I = (R_1 + R_2)I = R_i I \tag{1-11}$$

所以两个串联电阻的等效电阻为

$$R_i = R_1 + R_2 \tag{1-12}$$

依此类推,当有 $n$ 个电阻串联时,其等效电阻为

$$R_i = \sum_{k=1}^{n} R_k \qquad (1-13)$$

即 $n$ 个电阻串联的等效电阻为 $n$ 个电阻之和。

（3）电阻串联中各电阻端电压

电阻的串联常用于分压，此时串联电路称为分压器。两个电阻串联时每个电阻的端电压为

$$U_1 = R_1 I = \frac{R_1}{R_1 + R_2} U, U_2 = R_2 I = \frac{R_2}{R_1 + R_2} U \qquad (1-14)$$

依此类推，$n$ 个电阻串联时每个串联电阻的端电压为所有串联电阻总电压的一部分，即

$$U_k = \frac{R_k}{R_i} U \quad (k = 1, 2, \cdots, n) \qquad (1-15)$$

（4）电阻串联的功率

两个电阻串联时每个电阻消耗的功率为

$$\begin{cases} P_1 = U_1 I = R_1 I^2 \\ P_2 = U_2 I = R_2 I^2 \end{cases} \qquad (1-16)$$

根据式（1-16）可得

$$\frac{P_1}{P_2} = \frac{U_1}{U_2} = \frac{R_1}{R_2} \qquad (1-17)$$

由此可知，两个电阻串联时各电阻上电压和功率均与电阻成正比。

2. 电阻的并联

（1）电阻并联的电路连接结构

并联是将两个或两个以上二端电路元件中每个元件的两个端子，分别接到一对公共节点上的连接方式。各并联电路元件承受相同电压。两个电阻并联的电路如图 1-16（a）所示。

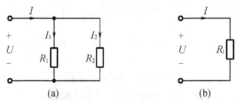

(a)　　　　　(b)

**图 1-16　电阻的并联**

(a)两个电阻并联；(b)并联等效电阻

（2）电阻并联的等效电阻

电阻并联可将其等效成一个电阻，如图 1-16（b）所示。设电阻两端电压和电流关联参考方向，则有

$$I = I_1 + I_2 = \frac{U}{R_1} + \frac{U}{R_2} = \left( \frac{1}{R_1} + \frac{1}{R_2} \right) U = (G_1 + G_2) U = G_i U \qquad (1-18)$$

所以两个电阻并联的等效电导为

$$G_i = G_1 + G_2 \qquad (1-19)$$

等效电阻为

$$R_{\mathrm{i}} = G_{\mathrm{i}}^{-1} = \frac{1}{G_1 + G_2} = \frac{R_1 R_2}{R_1 + R_2} \tag{1-20}$$

同理得出 $n$ 个电阻并联时的等效电导和等效电阻，即

$$G_{\mathrm{i}} = \sum_{k=1}^{n} G_k \tag{1-21}$$

$$R_{\mathrm{i}} = \frac{1}{G_{\mathrm{i}}} = \frac{1}{\sum\limits_{k=1}^{n} G_k} = \frac{1}{\sum\limits_{k=1}^{n} \frac{1}{R_k}} \tag{1-22}$$

(3)电阻并联的各电阻所在支路电流

电阻并联常用于分流，此时并联电路称为分流器。两个电阻并联后每个电阻所在支路电流分别为

$$\begin{cases} I_1 = \frac{1}{R_1} U = G_1 U = \frac{G_1}{G_1 + G_2} I = \frac{R_2}{R_1 + R_2} I \\ I_2 = \frac{1}{R_2} U = G_2 U = \frac{G_2}{G_1 + G_2} I = \frac{R_1}{R_1 + R_2} I \end{cases} \tag{1-23}$$

依此类推，可得 $n$ 个电阻并联时的分流公式，即

$$I_k = \frac{G_k}{G_{\mathrm{i}}} I \quad (k = 1, 2, \cdots, n) \tag{1-24}$$

(4)电阻并联的功率

两个电阻并联时每个电阻分别消耗的功率为

$$P_1 = U I_1 = \frac{1}{R_1} U^2 = G_1 U^2, P_2 = U I_2 = \frac{1}{R_2} U^2 = G_2 U^2$$

根据式(1-24)可得

$$\frac{P_1}{P_2} = \frac{I_1}{I_2} = \frac{R_2}{R_1} = \frac{G_1}{G_2} \tag{1-25}$$

【例 1-4】　求图 1-17(a)所示电路中 6 Ω 电阻上的功率。

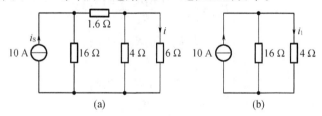

图 1-17　【例 1-4】图
(a)电路；(b)简化电路

**解**　该题是一个既有串联电阻又有并联电阻的混合电路。首先，利用电阻的串联、并联关系简化电路，求出相关电流。

图 1-17 中 4 Ω 和 6 Ω 电阻是并联关系，其并联等效电阻又和 1.6 Ω 电阻进行串联，依据电阻串联、并联公式将图 1-17(a)电路简化为图 1-17(b)电路。

用分流公式求电流 $i_1$，有

$$i_1 = \frac{16\ \Omega}{16\ \Omega + 4\ \Omega} \times 10\ \mathrm{A} = 8\ \mathrm{A}$$

$$i = \frac{4\ \Omega}{6\ \Omega + 4\ \Omega} \times i_1 = \frac{4\ \Omega}{6\ \Omega + 4\ \Omega} \times 8\ A = 3.2\ A$$

6 Ω 电阻消耗的功率为

$$P = 6\ \Omega \times i^2 = 6\ \Omega \times (3.2\ A)^2 = 61.44\ W$$

两个电阻并联时每个电阻上的电流和功率均与电阻成反比，与电导成正比。

3. 电阻的 Y 形连接和 △ 形连接的等效变换

（1）电阻的 Y 形连接和 △ 形连接结构

电阻的 Y 形连接（或称星形连接，也称 T 形连接）：三个电阻一端接在同一个节点上，另一端分别接在三个端子上与外电路相连，其连接形式如图 1 - 18(a) 所示。

电阻的 △ 形连接（或称三角形连接，也称 π 形连接）：三个电阻分别接在三个端子的两个端子之间，其连接形式如图 1 - 18(b) 所示。

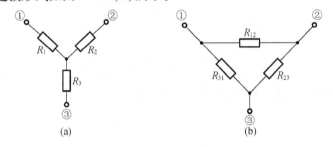

**图 1 - 18　电阻的 Y 形连接与 △ 形连接**

(a) Y 形连接；(b) △ 形连接

（2）等效变换

① Y - △ 变换

Y - △ 等效变换电路如图 1 - 19(a) 所示。

可以对电路列写电路方程推导出 Y 形连接变换成 △ 形连接的电阻，即

$$\begin{cases} R_{12} = \dfrac{R_1 R_2 + R_2 R_3 + R_3 R_1}{R_3} \\[3mm] R_{23} = \dfrac{R_1 R_2 + R_2 R_3 + R_3 R_1}{R_1} \\[3mm] R_{31} = \dfrac{R_1 R_2 + R_2 R_3 + R_3 R_1}{R_2} \end{cases} \quad (1-26)$$

② △ - Y 等效变换

△ - Y 等效变换电路如图 1 - 19(b) 所示。

可以对电路列写电路方程推导出 △ 形连接变换成 Y 形连接的电阻，即

$$\begin{cases} R_1 = \dfrac{R_{12} R_{31}}{R_{12} + R_{23} + R_{31}} \\[3mm] R_2 = \dfrac{R_{12} R_{23}}{R_{12} + R_{23} + R_{31}} \\[3mm] R_3 = \dfrac{R_{23} R_{31}}{R_{12} + R_{23} + R_{31}} \end{cases} \quad (1-27)$$

为了方便记忆，式(1 - 26)、式(1 - 27)可以分别写成

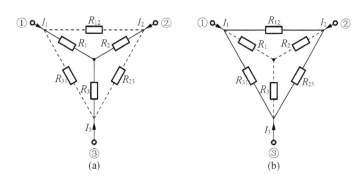

**图 1-19 等效变换电路**

(a)Y-△变换;(b)△-Y变换

$$\triangle 电阻 = \frac{Y\ 电阻两两乘积之和}{Y\ 不相邻电阻}$$

$$Y\ 电阻 = \frac{\triangle 相邻电阻的乘积}{\triangle 电阻之和}$$

当 Y 电阻都相等为 $R_Y$、△电阻都相等为 $R_\triangle$ 时,$R_\triangle = 3R_Y$ 或 $R_Y = \frac{1}{3}R_\triangle$。

### 1.3.3 电桥平衡

图 1-20(a)所示的电路是具有桥形连接的电路,它是测量中常用的一种电桥电路。电路中的电阻不再是简单的串联和并联,其中 $R_1$、$R_3$、$R_5$ 构成一个△形连接,$R_1$、$R_2$、$R_5$ 构成一个 Y 形连接,该电路在进行电路分析时需要用到 Y-△等效变换。如果电路满足电桥平衡就可以应用串、并联进行电路简化。图 1-20(a)所示的电桥平衡的条件为

$$\frac{R_1}{R_2} = \frac{R_3}{R_4} \tag{1-28}$$

如果电路满足电桥平衡,图 1-20(a)中电阻 $R_5$ 所在支路可以看成断路或者短路两种电路结构。等效电路分别为图 1-20(b)和图 1-20(c),两种等效电路即为简单的电阻串、并联连接结构。

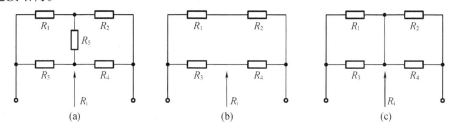

**图 1-20 电桥平衡电路**

(a)电桥电路;(b)串联等效电路;(c)并联等效电路

**【例 1-5】** 计算如图 1-21 所示两电路的等效电阻 $R_i$。

**解** 图 1-21(a)所示电路满足电桥平衡,40 Ω 电阻所在支路可以看成断路或者短路两种电路结构,等效电路如图 1-21(b)或图 1-21(c)所示。

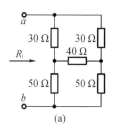
(a)

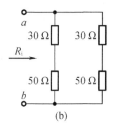
(b)

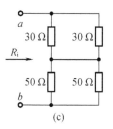
(c)

图 1 – 21 【例 1 – 5】图

(a)电桥电路;(b)串联等效电路;(c)并联等效电路

由图 1 – 21(b),等效电阻为

$$R_i = (30\ \Omega + 50\ \Omega) /\!/ (30\ \Omega + 50\ \Omega) = 40\ \Omega$$

由图 1 – 21(c),等效电阻为

$$R_i = (30\ \Omega /\!/ 30\ \Omega) + (50\ \Omega /\!/ 50\ \Omega) = 40\ \Omega$$

显然,图 1 – 21(b)或图 1 – 21(c)两种等效形式的计算结果相同。

# 1.4 理想电压源和理想电流源

## 1.4.1 理想电压源

1. 电压源基本特性

电压源的特点是其电压由电压源本身特性决定,电压源对外提供的端口电压是一个定值 $U_S$ 或是给定时间的函数 $U_S(t)$(这里的 $U_S(t)$ 是某一瞬时的电压值,即瞬时值)。电压源中的电流和功率由与之相连接的外电路决定。电池和稳压电源的外形图如图 1 – 22 所示。

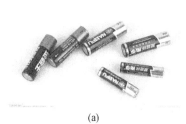
(a)

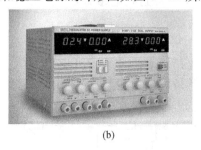
(b)

图 1 – 22 电池和稳压电源外形图

(a)电池;(b)稳压电源

当电压源的源电压不随时间改变,且为常数,即 $U_S(t) = U_S$ 时,此时电压源为直流电压源或恒定电压源,其电路模型及伏安特性曲线如图 1 – 23 所示。直流电压源对外电路来说,伏安特性曲线为平行于电流轴的一条直线。当 $U_S(t) = 0$ 时,电压源相当于短路,在实际电路中可以用电阻为零的导线替代电压源的两个端子。

源电压随时间变化的电压源称为时变电压源。源电压随时间周期性变化且平均值为零的时变电压源称为交流电压源。

实际电压源内部存在损耗,电压源输出的电压会随电流的变化而变化,在电路分析中,可以用电阻元件的电路模型来描述电源的内部损耗。实际电压源的伏安特性曲线随着输

出电流的增大而减小,如图1-24(a)所示。实际电压源的电路模型如图1-24(b)所示,端口特性方程为

$$u = U_S - R_S i \qquad (1-29)$$

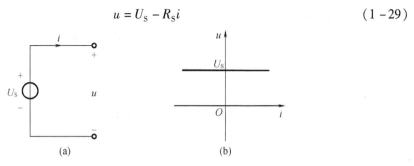

**图1-23　理想电压源的电路模型及伏安特性曲线**

(a)理想电压源的电路模型;(b)理想电压源的伏安特性曲线

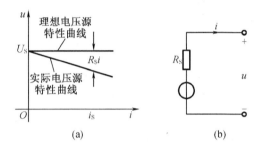

**图1-24　实际电压源的伏安特性曲线和电路模型**

(a)实际电压源的伏安特性曲线;(b)实际电压源的电路模型

当电压源内部损耗忽略不计,即$R_S = 0$时,$u = U_S$,实际电压源相当于理想电压源。

### 1.4.2　理想电流源

1. 电流源基本特性

电流源的特点是其电流由电流源本身特性决定,其端口电流是一个定值$I_S$或是给定时间的函数$i_S(t)$(这里的$i_S(t)$是某一瞬时的电流值,即瞬时值)。其两端的电压和功率由与之相连接的外电路决定。

当电流源的源电流不随时间改变,且为常数,即$i_S(t) = i_S$,此时电流源为直流电流源或恒定电流源,其电路模型及伏安特性曲线如图1-25所示。直流电流源对外电路来说,伏安特性曲线为平行于电压轴的一条直线。当$i_S(t) = 0$时,电流源相当于开路或断路,可以用电阻为无穷大的开路导线替代电流源两个端子。

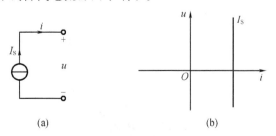

**图1-25　理想电流源的电路模型及伏安特性曲线**

(a)理想电流源的电路模型;(b)理想电流源的伏安特性曲线

源电流随时间变化的电流源称为时变电流源。源电流随时间周期性变化且平均值为零的时变电流源称为交流电流源。

实际电流源与实际电压源一样,内部也存在损耗,电流源输出的电流会随两端电压的变化而变化,在电路分析中,可以用电阻元件的电路模型来描述电源的内部损耗。实际电流源的伏安特性曲线随着输出电流的增大而减小,如图1-26(a)所示。实际电流源电路模型如图1-26(b)所示,端口特性方程为

$$i = i_S - \frac{u}{R_S} \qquad\qquad (1-30)$$

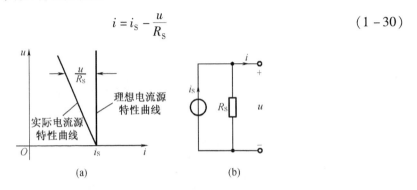

**图1-26 实际电流源的伏安特性曲线和电路模型**
(a)实际电流源的伏安特性曲线;(b)实际电流源的电路模型

当电流源内阻为无穷大时,$i = i_S$,此时实际电流源相当于理想电流源。

# 1.5 电路的工作状态

根据电源和负载连接的不同情况,电路可分为通路、开路和短路三种基本状态。下面以简单的直流电路为例讨论电路状态的电流、电压和功率。

## 1.5.1 通路

图1-27中的开关S合上,接通电源和负载,称为电路处于通路或有载状态。通路时,应用欧姆定律可求出电源向负载提供的电流为

$$I = \frac{U_S}{R_S + R_L}$$

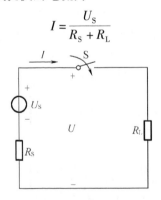

**图1-27 电路通路状态**

电源的端电压$U$和负载端电压相等,即

$$U = U_S - R_S I = R_L I$$

由于电源内阻的存在,电压 $U$ 将随负载电流的增加而降低。

上式各项乘以电流 $I$,可得电路的功率平衡方程为

$$UI = U_S I - R_S I^2$$

$$P = P_S - \Delta P$$

式中, $P_S = U_S I$, $P_S$ 为电源产生的功率; $\Delta P = R_S I^2$, $\Delta P$ 为电源内阻上消耗的功率; $P = UI$, $P$ 为电源输出的功率。

### 1.5.2 开路

图 1 − 27 中的开关 S 断开时,电源和负载没有构成通路,称为电路的开路状态,如图 1 − 28 所示。开路时断路两点间的电阻等于无穷大,因此,电路开路时,电路中电流 $I = 0$。此时,电源不输出功率( $P = 0$ ),电源的端电压称为开路电压(用 $U_{OC}$ 表示),即 $U_{OC} = U_S$。

### 1.5.3 短路

电路短路时,由于外电路电阻接近于零,而电源的内阻 $R_S$ 很小。此时,通过电源的电流最大,称为短路电流(用 $I_{SC}$ ),即 $I_{SC} = U_S / R_S$。电路短路状态如图 1 − 29 所示。

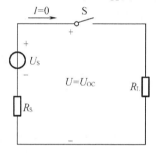

图 1 − 28 电路开路状态

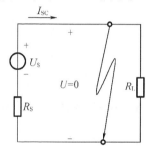

图 1 − 29 电路短路状态

电源的端电压即负载的电压 $U = 0$,负载的电流与功率为 0,而电源通过很大的电流,电源产生的功率很大,电源产生的功率全部被内阻消耗。这将使电源发热过甚,使电源设备烧毁,可导致火灾发生。为了避免短路事故引起的严重后果,通常在电路中接入熔断器或自动保护装置。

但是,有时由于某种需要,可以将电路中的某一段短路,这种情况常称为"短接"。

【**例 1 − 6**】 某一电源的开路电压 $U = 230$ V,额定电压 $U_N = 220$ V,额定功率 $P_N = 22$ kW。(1)求内阻 $R_0$ 和额定负载时内阻上的功率损耗;(2)若该电源被短路,短路时导线电阻 $R_1 = 0.1$ Ω,如图 1 − 30 所示,求短路电流 $I$ 及内阻和导线的功率。

**解** (1) $E = U = 230$ V

$$I_N = \frac{P_N}{U_N} = \frac{22\ 000\ \text{W}}{220\ \text{V}} = 100\ \text{A}$$

$$R_0 = \frac{E - U_N}{I_N} = \frac{230 - 220}{100}\ \Omega = 0.1\ \Omega$$

$$P_{R_0} = R_0 I_N^2 = 0.1 \times 100^2\ \text{W} = 1\ 000\ \text{W}$$

(2)该电源被短路时,则

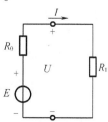

图 1 − 30 【例 1 − 6】图

$$I = \frac{E}{R_0 + R_1} = \frac{230}{0.1 + 0.1} = 1\ 150\ \text{A}$$

$$P_{R_0} = R_0 I^2 = 0.1 \times 1\ 150^2 = 132.25\ \text{kW}$$

$$P_{R_1} = R_1 I^2 = 0.1 \times 1\ 150^2 = 132.25\ \text{kW}$$

由例【1-6】可知,额定工作时,电源内部功率消耗 1 kW,即每秒产生 1 kJ 的热量。短路时,电源内部每秒将产生 132.25 kJ 的热量,这将使电源温度迅速升高而导致电源烧毁,同时导线上每秒也将产生 132.25 kJ 的热量,导线的温度也将迅速上升。当导线温度达到并超过周围物体的着火点时,就会导致火灾。

短路是严重的安全事故。为避免短路的发生,首先要定期检查电气设备及线路的绝缘情况;其次要在电源输出端接入熔断器和断路器,以便短路发生时,可迅速将电源从电路中断开。

### 1.5.4　负载电流与电压的测量

通常我们用电流表(Ⓐ表)测量负载的电流,用电压表(Ⓥ表)测量负载的电压。测量时Ⓐ表与负载串联,Ⓥ表与负载并联,如图 1-31 所示。

电流表的电阻 $R_A$ 很小,测量时通常认为 $R_A \approx 0$(短路);电压表的电阻 $R_V$ 很大,测量时通常认为 $R_V = \infty$(开路)。若电流表与负载并联,则电流表将被烧毁;若电压表与负载串联,则电压表的电压接近于电源的电动势,负载的电压接近零。

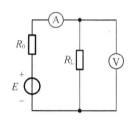

图 1-31　负载电流与电压测量接线图

### 1.5.5　电气设备的额定值

电气设备的额定值是综合考虑产品的可靠性、经济性和使用寿命等诸多因素,由制造厂商给定的。额定值往往标注在设备的铭牌上或写在设备的使用说明书中。

电气设备的额定值和实际值是不一定相等的。220 V,60 W 的灯泡接在 220 V 的电源上,由于电源电压的波动,其实际电压值稍高于或稍低于 220 V,这样灯泡的实际功率就不会正好等于其额定值 60 W,额定电流也相应发生了改变。当电流等于额定电流时,称为满载工作状态;当电流小于额定电流时,称为轻载工作状态;当电流超过额定电流时,称为过载工作状态。

## 1.6　基尔霍夫定律

基尔霍夫定律是 1845 年由德国物理学家古斯塔夫·基尔霍夫提出的。基尔霍夫定律是电路理论中最基本也是最重要的定律之一,包括基尔霍夫电流定律和基尔霍夫电压定律。它是对电路结构的约束,概括了电路中电流和电压分别遵循的基本规律。为了说明基尔霍夫定律,有必要介绍电路结构中常用的基本术语。

### 1.6.1　电路结构的基本术语

电路是由多个电路元件按照一定的实际电路功能要求,用导线将它们互相连接而成。电路元件是构成电路的基本单元。元件互相连接方式不同,电路的结构也不同,电路结构通常用支路、节点、回路、网孔等术语来描述。下面就以图 1－32 为例说明各术语的描述对象。

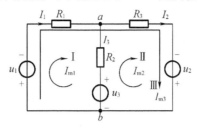

图 1－32　描述电路的基本术语电路图

1. 集总参数电路

实际电路中使用的电路部件一般都和电能的消耗现象及电、磁能的储存现象有关,它们交织在一起并发生在整个部件中。假设在理想条件下,这些现象可以分别研究,并且这些电磁过程都分别集中在各元件内部进行,这样的元件称为集总参数元件,简称为集总元件。由集总参数元件构成的电路称为集总参数电路。

2. 分布参数电路

分布参数电路是必须考虑电路元件参数分布性的电路。参数的分布性指电路中同一瞬间相邻两点的电位和电流都不相同。这说明分布参数电路中的电压和电流除了是时间的函数外,还是空间坐标的函数,如远距离的输电线和电视天线的馈线等。

3. 支路

流过相同电流的电路分支称为一条支路。如图 1－32 所示电路中有三条支路。

4. 节点

两条以上支路的汇合点称为节点。如图 1－32 所示电路有两个节点,分别为节点 $a$ 和节点 $b$。

5. 路径

在节点 $a$ 到节点 $b$ 之间,由 $k$ 条不同的支路和 $(k-1)$ 个不同的节点(不含 $a$ 和 $b$)依次连接成的一条通路称为 $a$ 到 $b$ 的路径,节点 $a$ 和节点 $b$ 分别称为节点的起点和节点的终点。两个节点路径通常不是唯一的。

6. 回路

回路是由支路构成的闭合路径。回路有顺时针和逆时针两个方向,可以用箭头"⌒"或"⌣"直接在电路图上表示回路的方向。如图 1－32 所示电路有三个回路。

平面电路是将电路画在平面上,除了节点之外,任意两条支路都不交叉,否则称为非平面电路。

7. 网孔

平面电路的内部或外部不包含任何支路,这样的平面电路称为网孔。

(1) 内网孔

内部不存在任何支路的网孔称为内网孔。如图 1－32 所示电路中网孔Ⅰ和网孔Ⅱ为内网孔。

(2) 外网孔

外部不存在任何支路的网孔称为外网孔。如图 1－32 所示电路中网孔Ⅲ为外网孔。

### 1.6.2 基尔霍夫电流定律(KCL)

1.基尔霍夫电流定律(简称 KCL)

**基尔霍夫电流定律** 在集总参数电路中,针对任一节点(或封闭曲面 $S$),在任一时刻流出(或流入)该节点(或封闭曲面 $S$)的支路电流代数和恒等于零,即

$$\sum i_k = 0 \quad (i_k \text{ 表示第 } k \text{ 条支路上的电流}) \tag{1-31}$$

电流的"代数和"是根据电流是流入节点(或封闭曲面 $S$)还是流出节点(或封闭曲面 $S$)来判断的。当流出电流取"+"号时,则流入电流取"−"号。

对上述形式进行转换,KCL 可以说成任一时刻,流出任一节点(或封闭曲面)电流的代数和等于流入该节点(或封闭曲面)电流的代数和,即

$$\sum i_o = \sum i_i \tag{1-32}$$

若电路含有 $n$ 个节点,具有 $(n-1)$ 个独立节点,可列写 $(n-1)$ 个独立的 KCL 方程,此时独立 KCL 方程对应的独立节点可任意选择。

**【例 1-7】** 如图 1-33 所示,已知 $I_1 = 5$ A,$I_6 = 3$ A,$I_7 = -8$ A,$I_5 = 9$ A,试计算如图 1-33 所示电路中的电流 $I_8$。

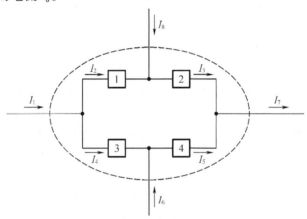

图 1-33 【例 1-7】图

**解** 在电路中选取一个封闭曲面,如图 1-33 中虚线所示,根据 KCL 定律可知

$$I_1 + I_6 + I_8 = I_7$$

则 $I_8 = I_7 - I_1 - I_6 = (-8-5-3)$ A $= -16$ A。

### 1.6.3 基尔霍夫电压定律(KVL)

**基尔霍夫电压定律** 在集总参数电路中,任一时刻,沿任一回路各元件电压的代数和恒等于零,即

$$\sum u_k = 0 \quad (u_k \text{ 表示第 } k \text{ 个元件上的电压}) \tag{1-33}$$

确定电压的"代数和"需要指定任一回路的绕行方向。当元件上电压 $u_k$ 的参考方向与回路绕行方向相同时,$u_k$ 前面取"+"号;当元件上电压 $u_k$ 的参考方向与回路绕行方向相反时,$u_k$ 前面取"−"号。

对上述形式进行转换,KVL 可以说成任一时刻,沿任一回路,各元件电压降的代数和等

于电压升的代数和,即

$$\sum u_{\mathrm{D}} = \sum u_{\mathrm{L}} \qquad (1-34)$$

对于 $n$ 个节点、$b$ 条支路的电路来说,具有 $b-(n-1)$ 个独立的回路,可以列写 $b-(n-1)$ 个独立的 KVL 方程。

【例 1-8】 如图 1-34 所示的电路,已知部分支路电压,求出其他支路电压。

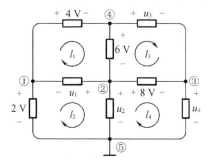

图 1-34 【例 1-8】图

解　分别对包含待求电压的回路列写 KVL 方程如下:

回路 $l_1$ 　　　　　　　$u_1 = -6\mathrm{V} - 4\,\mathrm{V} = -10\,\mathrm{V}$

回路 $l_2$ 　　　　　　　$u_2 = u_1 + 2\,\mathrm{V} = -8\,\mathrm{V}$

回路 $l_3$ 　　　　　　　$u_3 = 6\,\mathrm{V} + 8\,\mathrm{V} = 14\,\mathrm{V}$

回路 $l_4$ 　　　　　　　$u_4 = -8\,\mathrm{V} + u_2 = -16\,\mathrm{V}$

基尔霍夫定律与集总参数电路元件性质无关。基尔霍夫电流定律是对与节点相连的支路电流的约束,基尔霍夫电压定律是对回路中所包含的支路电压的约束。因此基尔霍夫定律也称为电路的结构约束,它们是建立电路方程的重要依据,是任何集总参数电路必须遵循的规律。

**【重点串联】**

1. 电路模型

电路模型是在一定条件下抽象的、准确反映实际电气器件主要电磁特性的元件。

理想元件不完全等同于电路器件,而一个电路器件在不同条件下的电路模型也可能不同;电路模型是对实际电路在一定程度上的近似反映,反映得越精确,建立的模型将越复杂。常用的电路模型有以下四种:

①电阻元件,如灯泡等;

②电感元件,如电感线圈等;

③电容元件,如电容器等;

④电源元件,如电池、发电机等。

2. 参考方向

对于一个给定的电路,很难直接确定某一电路元件中实际电流的方向。在电路分析中,为了分析计算的方便,常常需要预先假设一个电流方向。这个预先假设的电流方向称为参考方向。

一个支路电流、支路电压,可以选择一致的参考方向,叫作关联参考方向,即电流的参考方向是从电压的"+"端流入,"-"端流出;也可以选择不一致的参考方向,即电流从电压参考方向的"-"端流入,"+"端流出,叫作非关联参考方向。

**3. 电功率的计算**

判断实际电路元件是吸收功率还是发出功率的一般分析方法如下:

(1)当 $u$ 和 $i$ 在关联参考方向下时,定义吸收功率

如果 $P > 0$,那么元件确实吸收功率;

如果 $P < 0$,那么元件确实发出功率。

(2)当 $u$ 和 $i$ 在非关联参考方向下时,定义发出功率

如果 $P > 0$,那么元件确实发出功率;

如果 $P < 0$,那么元件确实吸收功率。

电路中各元件发出功率的总和等于吸收功率的总和,这就是电路的"功率平衡"。

**4. 基尔霍夫定律**

基尔霍夫定律是电路理论中最基本也是最重要的定律之一,它包括基尔霍夫电流定律和基尔霍夫电压定律。

(1)基尔霍夫电流定律

**第一种表述形式** 在集总参数电路中,针对任一节点(或封闭曲面 $S$),在任一时刻流出(或流入)该节点(或封闭曲面 $S$)的支路电流代数和恒等于零,即

$$\sum i_k = 0 \quad (i_k \text{ 表示第 } k \text{ 条支路上的电流})$$

电流的"代数和"是根据电流是流入节点(或封闭曲面 $S$)还是流出节点(或封闭曲面 $S$)来判断的。当流出电流取"+"号时,流入电流取"-"号。

**第二种表述形式** 任一时刻,流出任一节点(或封闭曲面)电流的代数和等于流入该节点(或封闭曲面)电流的代数和,即

$$\sum i_o = \sum i_i$$

若电路含有 $n$ 个节点,具有 $(n-1)$ 个独立节点,可列写 $(n-1)$ 个独立的 KCL 方程,此时独立 KCL 方程对应的独立节点可任意选择。

(2)基尔霍夫电压定律

**第一种表述形式** 在集总参数电路中,任一时刻,沿任一回路各元件电压的代数和恒等于零,即

$$\sum u_k = 0 \quad (u_k \text{ 表示第 } k \text{ 个元件上的电压})$$

确定电压的"代数和"需要指定任一回路的绕行方向。当元件上电压 $u_k$ 的参考方向与回路绕行方向相同时,$u_k$ 前面取"+"号;当元件上电压 $u_k$ 的参考方向与回路绕行方向相反时,$u_k$ 前面取"-"号。

**第二种表述形式** 任一时刻,沿任一回路,各元件电压降的代数和等于电压升的代数和,即

$$\sum u_D = \sum u_L$$

对于 $n$ 个节点、$b$ 条支路的电路来说,具有 $b-(n-1)$ 个独立的回路,可以列写 $b-(n-1)$ 个独立的 KVL 方程。

**5. "等效"是对外等效,对内不一定等效**

若求某条支路的电压、电流及功率要还原到原电路求解。

6. 常见电阻电路的等效变换

(1) 简单的电路, 只有电阻元件的电路

① 串联

将各个电阻元件顺序连接起来没有分支, 而各个电阻流过相同电流, 则称为电路的串联。串联的各个电路元件电流相等。串联电阻的等效电阻为所有串行连接电阻的和。

② 并联

并联是将两个或两个以上两端电路元件中每个元件的两个端子, 分别接到一对公共节点上的连接方式。各并联电路元件承受相同电压。并联电阻的等效电阻为所有并行连接电阻倒数之和的倒数。

(2) 电压源和电阻的连接

① 电压源串联

电压源串联时的等效电压为所有串联电压源源电压的代数和。这里的 "代数和" 涉及正负号。

② 电压源并联的条件

并联的电压源大小和方向必须都相同。

③ 电压源与支路的并联

如果一个电压源与支路并联, 对外电路来说, 并联的支路相当于断路。

(3) 电流源和电阻的连接

① 电流源串联的条件

串联的电流源大小和方向必须都相同。

② 电流源并联

电流源并联时的等效电流源为所有并联电流源源电流的代数和。这里的 "代数和" 涉及正负号。

③ 电流源与支路串联

如果一个电流源与支路串联, 对外电路来说, 串联的支路相当于短路。

(4) 实际电源之间的相互转换

电压源串联电阻可以等效为电流源并联电阻的形式。

# 习　题　1

## 一、填空题

1. 所谓电路, 是由一些具有电气特性的元件相互连接而构成的_____的通路。

2. 通常, 把单位时间内通过导体横截面的电荷量定义为_____。习惯上把_____运动方向规定为电流的方向。

3. 单位正电荷从 $a$ 点移动到 $b$ 点能量的得失量定义为这两点间的_____。

4. 电压和电流的参考方向一致, 称为_____方向; 电压和电流的参考方向相反, 称为_____方向。

5. 电压或电流的负值, 表明参考方向与实际方向_____。

6. 若 $P > 0$(正值), 说明该元件_____功率, 该元件为_____; 若 $P < 0$(负值), 说

明该元件_____功率,该元件为_____。

7. 有 $n$ 个节点、$b$ 条支路的电路图,其独立的 KCL 方程为_____个,独立的 KVL 方程为_____个。

8. 任一电路中,产生的功率和消耗的功率应该_____,称为功率平衡定律。

9. 基尔霍夫电流定律(KCL)说明在集总参数电路中,在任一时刻,流出(或流入)任一节点或封闭面的各支路电流的_____。

10. 基尔霍夫电压定律(KVL)说明在集总参数电路中,在任一时刻,沿任一回路巡行一周,各元件的_____代数和为零。

## 二、选择题

1. 电压是_____。

A. 两点之间的物理量,且与零点选择有关

B. 两点之间的物理量,与路径选择有关

C. 两点之间的物理量,与零点的选择和路径选择都无关

D. 以上说法都不对

2. KVL 是_____的结果。

A. 电荷守恒定律的必然　　　　　　　B. 能量守恒定律的必然

C. 电荷守恒定律和能量守恒定律的必然　D. 以上说法都不对

3. 如图 1 - 35 所示的电路中,若已知 $U_S = 20$ V,则 $I =$ _____。

A. 1 A　　　　　　　　　　　　　　B. - 1 A

C. 3 A　　　　　　　　　　　　　　D. - 3 A

4. 如图 1 - 36 所示的电路中,若已知 $I = 2/3$ A,则 $R =$ _____。

A. 4 Ω　　　　　　　　　　　　　　B. 5 Ω

C. 6 Ω　　　　　　　　　　　　　　D. 7 Ω

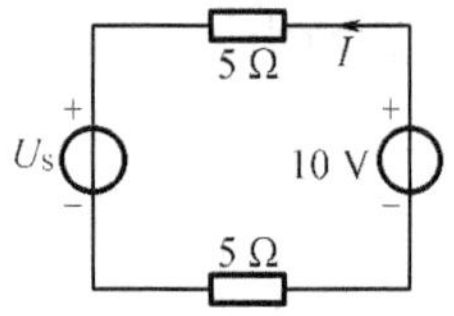

图 1 - 35 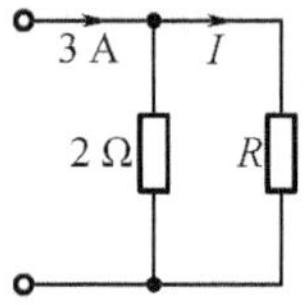　　　　　　　　　　　　图 1 - 36

5. 如图 1 - 37 所示的电路中,电流 $I$ 为_____。

A. 8 A　　　　　　　　　　　　　　B. 0.5 A

C. - 0.5 A　　　　　　　　　　　　D. - 8 A

6. 如图 1 - 38 所示的电路中,电流 $I$ 为_____。

A. 2 A　　　　　　　　　　　　　　B. - 2 A

C. 1 A　　　　　　　　　　　　　　D. - 1 A

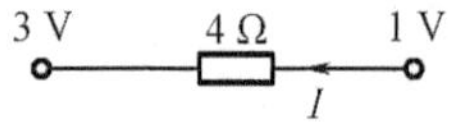

图 1 - 37 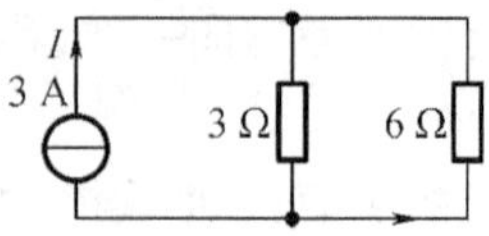　　　　　　　　　　　　图 1 - 38

7. 如图 1-39 所示的电路中，$B,C$ 两点间的电压 $U_{BC}$ 为_____。

A. 2 V  B. 8 V

C. 0 V  D. -2 V

8. 如图 1-40 所示的电路中，发出功率的电路元件为_____。

A. 电流源  B. 电压源

C. 电压源和电流源

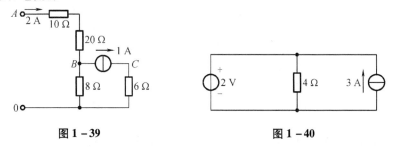

图 1-39　　　　　　图 1-40

9. 如图 1-41 所示的电路中，电流 $I$ = _____。

A. 2 A  B. 4 A

C. 6 A  D. -2 A

10. 如图 1-42 所示的电路中，$U = -10$ V，则 6 V 电压源发出的功率为_____ W。

A. 9.6  B. -9.6

C. 2.4  D. -2.4

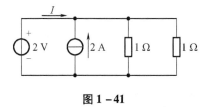
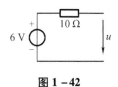

图 1-41　　　　　　图 1-42

## 三、计算题

1. 求如图 1-43 所示各元件的端电压或通过的电流。

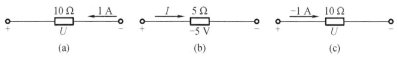

图 1-43

2. 求如图 1-44 所示的电路中开关 S 闭合和断开两种情况下 $a,b,c$ 三点的电位。

3. 求如图 1-45 所示的电路中开关 S 闭合和断开两种情况下 $a,b,c$ 三点电位。

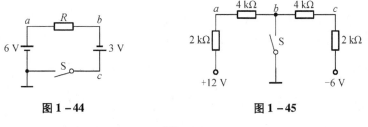

图 1-44　　　　　　图 1-45

4. 如图 1-46 所示的电路由 4 个元件组成,电压和电流的参考方向如图所示。已知 $U_1 = -5$ V, $U_2 = 15$ V, $I_1 = 2$ A, $I_2 = 3$ A, $I_3 = -1$ A。试计算各元件的电功率,并说明哪些元件是电源,哪些元件是负载。

5. 如图 1-47 所示的电桥电路中,已知 $I_1 = 5$ mA, $I_3 = 16$ mA, $I_4 = 12$ mA,试求其余电阻中的电流 $I_2$, $I_5$, $I_6$。

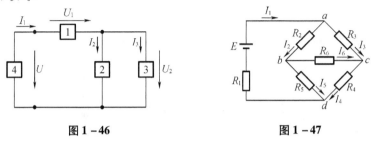

图 1-46                              图 1-47

6. 用电源模型等效变换的方法求如图 1-48 所示电路的电流 $i_1$ 和 $i_2$。

7. 试用电压源与电流源等效变换的方法求如图 1-49 所示电路的电流 $I$。

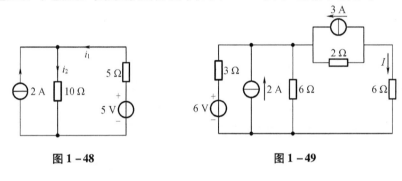

图 1-48                              图 1-49

8. 化简如图 1-50 所示的电路。

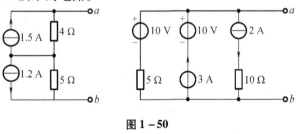

图 1-50

# 习题 1 参考答案

## 一、填空题

1. 电流  2. 电流,正电荷  3. 电压  4. 关联参考,非关联参考  5. 一致  6. 消耗(或吸收),负载,产生(或发出),电源  7. $n-1$, $b-n+1$  8. 相等  9. 代数和为零  10. 电压

## 二、选择题

1. C  2. C  3. A  4. D  5. C  6. D  7. A  8. A  9. A  10. A

# 第2章  电路的分析方法

## 【本章要点】

本章以电阻电路为例讨论几种电路的分析方法。首先介绍实际电源的两种模型及其等效变换等;然后讨论几种常用的电路分析方法,包括支路电流法、节点电压法、利用叠加定理、戴维宁定理和诺顿定理进行电路分析的方法等,这些都是分析电路的基本方法。

## 2.1  电路的等效变换

等效电路是电路分析中一个很重要的概念,通过等效变换,可以把多元件组成的电路化简为只有少数几个元件组成的单回路或一对节点的电路,甚至单元件电路。它是化繁为简、化难为易的钥匙。在分析电路问题时经常使用等效变换。本节将详细介绍电源等效变换的方法。

### 2.1.1  电压源与电流源的等效变换

1. 电压源的串联及等效变换

两个电压源的串联电路如图 2 – 1(a)所示。

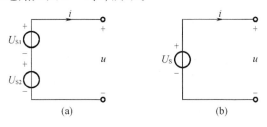

**图 2 – 1  电压源串联及等效电路**

(a)电压源串联;(b)等效电路

根据基尔霍夫电压定律列写电路方程,得

$$u = U_{S1} + U_{S2} \tag{2-1}$$

图 2 – 1(a)中的两个串联的电压源可以用一个电压源 $U_S$ 等效,等效电路如图 2 – 1(b)所示。这里的 $U_S$ 为端口电压,即

$$u = U_S = U_{S1} + U_{S2} \tag{2-2}$$

依此类推,$n$ 个电压源串联时,对外电路来说也可以用一个电压源等效,等效电压可以表示为

$$u = U_S = \sum_{k=1}^{n} U_{Sk} \tag{2-3}$$

即 $n$ 个电压源串联时的等效电压为所有串联电压源源电压的代数和。这里的"代数和"涉及正负号。我们规定,当 $U_{Sk}$ 方向与 $U_S$ 方向相同时,取" $+$ ";当 $U_{Sk}$ 方向与 $U_S$ 方向相反时,取" $-$ "。

(2)电压源的并联及等效变换

工程实际中,很少将电压源并联使用。如果电压源并联,那么必须同时满足并联的电压源大小相等、方向相同。若满足上述条件,多个电压源并联对外可以等效一个电压源。

两个电压源并联及其等效电路如图 2-2 所示, $U_S$ 大小和方向与 $U_{S1}$ 或 $U_{S2}$ 大小和方向相同,即 $u = U_S = U_{S1} = U_{S2}$ 。

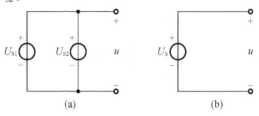

(a)                    (b)

**图 2-2　电压源并联及其等效电路**

(a)电压源并联电路;(b)等效电路

(3)电压源与支路并联及等效变换

如果一个电压源与支路并联,对外电路来说,并联的支路相当于断路。这里并联的支路可以是单一元件,也可以是由多个元件构成的电路的一部分,只要对外有两个端子即可,电压源与支路并联及其等效电路如图 2-3(a)和图 2-3(b)所示。

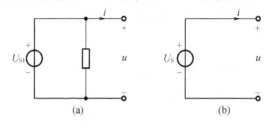

(a)                    (b)

**图 2-3　电压源与支路并联及其等效电路**

(a)电压源与支路并联电路;(b)等效电路

**2.电流源的连接及其等效变换**

(1)电流源串联及等效变换

工程实际中,很少将电流源串联使用。如果电流源串联,那么必须同时满足串联的电流源大小相等、方向相同。若满足上述条件,多个电流源串联对外可以等效一个电流源。

两个电流源串联及其等效电路如图 2-4 所示, $i_S$ 大小和方向与 $i_{S1}$ 或 $i_{S2}$ 相同,即 $i = i_S = i_{S1} = i_{S2}$ 。

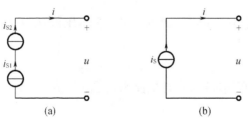

(a)                    (b)

**图 2-4　电流源串联及其等效电路**

(a)电流源串联;(b)等效电路

（2）电流源的并联及等效变换

两个电流源的并联电路如图 2-5（a）所示。

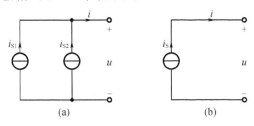

**图 2-5　电流源并联及其等效电路**

（a）电流源并联；（b）等效电路

根据基尔霍夫电流定律列写电路方程，得

$$i = i_{S1} + i_{S2} \tag{2-4}$$

图 2-5（a）中的两个并联的电流源可以用一个电流源 $i_S$ 等效，等效电路如图 2-5（b）所示。这里的 $i_S$ 为端口电流，即

$$i = i_S = i_{S1} + i_{S2} \tag{2-5}$$

依此类推，$n$ 个电流源并联时，对外电路来说也可以用一个电流源等效，等效电流可以表示为

$$i = i_S = \sum_{k=1}^{n} i_{Sk} \tag{2-6}$$

即 $n$ 个电流源并联时的等效电流为所有并联电流源源电流的代数和。这里的"代数和"涉及正、负号。我们规定，当 $i_{Sk}$ 方向与 $i_S$ 方向相同时，取" + "；当 $i_{Sk}$ 方向与 $i_S$ 方向相反时，取" - "。

（3）电流源与支路串联及等效变换

如果一个电流源与支路串联，对外电路来说，串联的支路相当于短路。这里串联的支路可以是单一元件，也可以是由多个元件构成的电路的一部分，只要对外有两个端子即可。电流源与支路串联及其等效电路如图 2-6（a）和图 2-6（b）所示。

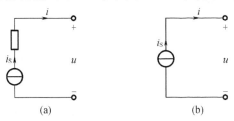

**图 2-6　电流源与支路串联及其等效电路**

（a）电流源与支路串联；（b）等效电路

### 2.1.2　实际电源的等效变换

实际电压源和实际电流源的电路模型如图 2-7 所示。二者是可以等效互换的，即电压源串联电阻可以等效为电流源并联电阻的形式。这里要求实际电压源和实际电流源必须同时满足等效条件：

（1）$U_S$ 方向与 $i_S$ 方向为非关联参考方向，即 $i_S$ 方向从电压源的" - "至" + "；

（2）$U_S = R_S i_S$；

（3）$R_S = R_S$。

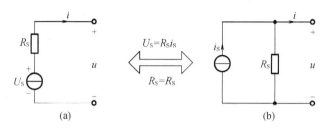

**图 2-7  实际电源的两种电路模型**

（a）实际电压源；（b）实际电流源

由于理想电源的端口特性不相同，所以理想电压源和理想电流源之间不能等效互换。

3. 实际电压源与实际电流源的等效变换

不论是实际电压源还是实际电流源，都能对外电路输出电压和电流。对外电路来说，只要电源提供的电压和电流维持不变，电源无论用电压源还是用电流源来表示都是一样的。由实际电压源和实际电流源的电路图可以得知，只要实际电压源与实际电流源的伏安特性相同，它们提供给外电路的电压与电流就相同，因此这两种电源可以进行等效变换。其等效电路如图 2-8 所示，可以推出它们的相互间关系如下：

（1）电源内阻 $R_0 = R_0'$；

（2）$I_S = \dfrac{U_S}{R_0}$ 或 $U_S = I_S R_0'$。

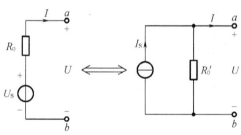

**图 2-8  实际电压源与实际电流源的等效变换**

应当注意：

（1）电源等效变换只是对外电路等效，对电源内部无等效而言。例如，图 2-8 电路中，若 a 点断开，则 $I=0$，电压源内阻 $R_0$ 无电流也不消耗功率，但电流源内阻 $R_0'$ 流过的电流等于 $I_S$，内阻消耗功率，可见电源内部是不等效的。

（2）对于理想电压源和理想电流源，由于它们的 $R_0 = 0$ 或 $R_0' = \infty$，伏安特性曲线相互垂直，不可能重合，因此，它们之间不能等效变换。

（3）等效变换时，应注意 $I_S$ 与 $U_S$ 参考方向的对应关系。

（4）对外电路而言，一个理想电压源和某一个电阻串联的电路，可以等效为一个理想电流源与该电阻的并联电路。反之亦然。

【例 2-1】  试求如图 2-9（a）所示点画线框内电路的等效电流源模型，并求出流经 15 Ω电阻中的电流 $I$。

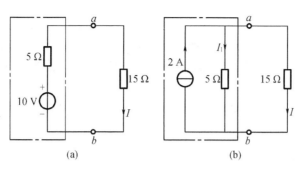

图 2 - 9　【例 2 - 1】图

**解**　因为图 2 - 9(a)中 $U_S = 10$ V，$R_0 = 5$ Ω，则 $I_S = 2$ A，由于 $a$ 端是 $U_S$ 的" + "极性端，所以 $I_S$ 的方向也指向 $a$ 端，再把 5 Ω 的电阻与 $I_S$ 并联即可，等效电流源如图 2 - 9(b)点画线框内电路所示。现在来检验这两种模型分别对 15 Ω 电阻提供的电流，图 2 - 9(a)中

$$I = \frac{10}{15 + 5} \text{ A} = 0.5 \text{ A}$$

图 2 - 9(b)中

$$I = \frac{5}{15 + 5} \times 2 \text{ A} = 0.5 \text{ A}$$

若要求出两种模型中流过 5 Ω 电阻中的电流，则图 2 - 9(a)中 $I = 0.5$ A，图 2 - 9(b)中 $I_1 = (2 - 0.5) \text{ A} = 1.5$ A。

假如将 15 Ω 电阻断开，图 2 - 9(a)所示电路中无电流流过，功耗为零，图 2 - 9(b)所示电路中电流为 2 A，则功耗 $P = I_S^2 R_0$。

从这里可以看出，这种等效是针对外电路(如 15 Ω 电阻)而言的，对于电源内部，这种等效是不成立的。

电源的等效变换可以作为分析电路的一种方法。

**【例 2 - 2】**　求图 2 - 10(a)中的端电压 $U_{ab}$。

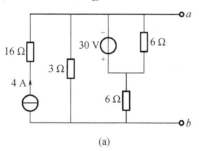

(a)

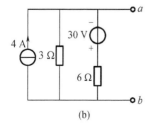

(b)

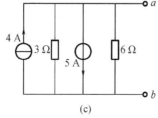

(c)

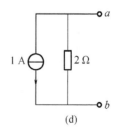

(d)

图 2 - 10　【例 2 - 2】图

**解** 从电源模型分析,与理想电压源串联的电阻以及理想电流源并联的电阻相当于电源的内阻。在图 2 – 10(a)中与 30 V 理想电压源并联的 6 Ω 电阻并非它的内阻。因为这个并联电阻的大小以及存在与否,并不影响其本身的端电压,其值恒为 30 V,因此,这个电阻可以去掉。

同样,16 Ω 这个电阻也不是理想电流源的内阻,其大小以及存在与否都不影响理想电流源的输出电流,也可去掉,图 2 – 10(a)可以等效为图 2 – 10(b)。再将 30 V 的电压源与 6 Ω 电阻串联部分等效变换为电流源和 6 Ω 电阻并联,得到图 2 – 10(c),其电流源电流为 $I_S = \dfrac{30}{6}$ A = 5 A。合并电流源,并将并联电阻化为等效电阻,得到图 2 – 10(d),所以 $U_{ab} = -(1 \times 2)$ V = $-2$ V。

## 2.2　支路电流法

支路电流法是分析复杂电路的最有效方法。它是以支路电流为变量,应用基尔霍夫电压定律和基尔霍夫电流定律,列出与支路电流数目相等的独立节点电流方程和回路电压方程,然后联立方程解出各支路电流的一种方法。

对于 $n$ 个节点,$b$ 条支路的电路,应用 KCL 列写独立电流方程($n-1$)个,应用 KVL 列写独立电压方程($b-n+1$)个,然后联立 $b$ 个方程,求出 $b$ 个未知的支路电流变量。

**【例 2 – 3】** 用支路电流法求图 2 – 11 电路中电流 $I_1$,$I_2$ 和 $I_3$。

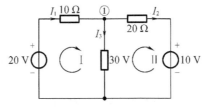

图 2 – 11 【例 2 – 3】图

**解** 对节点①列 KCL 方程,即

$$-I_1 + I_2 + I_3 = 0 \tag{2-7}$$

对网孔 Ⅰ,Ⅱ列 KVL 方程,有

网孔 Ⅰ    $$10\ \Omega \times I_1 + 30\ \Omega \times I_3 = 20\ \text{V} \tag{2-8}$$

网孔 Ⅱ    $$20\ \Omega \times I_2 - 30\ \Omega \times I_3 = -10\ \text{V} \tag{2-9}$$

联立式(2 – 7)、式(2 – 8)和式(2 – 9)可解得

$$I_1 = \frac{7}{11}\ \text{A}, I_2 = \frac{2}{11}\ \text{A}, I_3 = \frac{5}{11}\ \text{A}$$

**【例 2 – 4】** 图 2 – 12 为含有无伴电流源及受控源的电路,试用支路电流法求电路中受控源输出的功率。

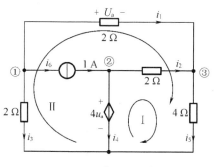

图 2 - 12　【例 2 - 4】图

**解**　此电路含有无伴电流源,采用选择特殊的回路的方法。只有一个回路经过无伴电流源所在支路,那么支路电流为无伴电流源源电流,即

$$i_6 = 1 \text{ A}$$

此电路含有受控源,受控源当独立电源使用,用回路电流表示受控源的控制量 $u_a$,列写补充方程,即

$$u_a = 2 \text{ Ω} \times i_1 \tag{2-10}$$

对节点①②③列 KCL 方程,有

节点①　　　　　　　　　　　$i_1 + i_3 + i_6 = 0$　　　　　　　　(2 - 11)

节点②　　　　　　　　　　　$i_2 + i_4 = i_6$　　　　　　　　　(2 - 12)

节点③　　　　　　　　　　　$i_1 + i_2 = i_5$　　　　　　　　　(2 - 13)

对网孔 Ⅰ , Ⅱ 列 KVL 方程,有

网孔 Ⅰ　　　　　　　　$2 \text{ Ω} \times i_2 + 4 \text{ Ω} \times i_5 = 4u_a$　　　　　　(2 - 14)

网孔 Ⅱ　　　　　　$2 \text{ Ω} \times i_2 + 4 \text{ Ω} \times i_5 - 2 \text{ Ω} \times i_3 = 0$　　　　(2 - 15)

联立式(2 - 29)和式(2 - 30)可解得

$$i_1 = -\frac{3}{16} \text{ A}, i_4 = \frac{9}{8} \text{ A}$$

受控源输出的功率为

$$P = -4u_a i_4 = 1.688 \text{ W}$$

支路电流法的优点是可以直接求出各支路电流;缺点是必须求解 $b$ 个方程,若支路 $b$ 较多,那么计算起来就很烦琐。

## 2.3　节点电压法

通常先选择电路的参考点,节点相对参考点的电位称为节点电压。参考点用接地符号"⊥"表示,用 $u_{n1}$ , $u_{n2}$ 和 $u_{n3}$ 分别表示①②和③的节点电压。对于 $n$ 个节点 $b$ 条支路的电路来说,节点电压法是以节点电压为变量列写($n - 1$)个独立的 KCL 方程,从而求解电路中其他各电量的方法,称为节点电压法。

如图 2 - 13 所示,选取节点④作为参考点,对节点①②和③列写节点电压方程的一般形式,即

$$G_{11}u_{n1} + G_{12}u_{n2} + G_{13}u_{n3} = \sum_{\text{节点①}} I_{Sk} + \sum_{\text{节点①}} G_k I_{Sk}$$

$$G_{21}u_{n1} + G_{22}u_{n2} + G_{23}u_{n3} = \sum_{\text{节点②}} I_{Sk} + \sum_{\text{节点②}} G_k I_{Sk}$$

$$G_{31}u_{n1} + G_{32}u_{n2} + G_{33}u_{n3} = \sum_{\text{节点③}} I_{Sk} + \sum_{\text{节点③}} G_k I_{Sk}$$

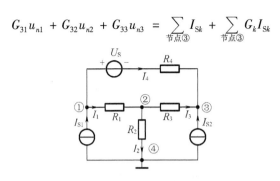

图 2 – 13　节点电压法图

（1）$G_{11}$,$G_{22}$,$G_{33}$ 称为节点①②③的自导。自导是与该节点相连接的所有支路的电导之和。这里的 $G_{11} = \dfrac{1}{R_1} + \dfrac{1}{R_4}$,$G_{22} = \dfrac{1}{R_1} + \dfrac{1}{R_2} + \dfrac{1}{R_3}$,$G_{33} = \dfrac{1}{R_3} + \dfrac{1}{R_4}$。自导可写成 $G_{ii}$,自导总为正。

（2）$G_{12}$,$G_{21}$,$G_{13}$,$G_{31}$,$G_{23}$,$G_{32}$ 称为节点①②③间的互导。互导是连接在节点①②③之间的诸支路电导之和并带一负号。这里的 $G_{12} = G_{21} = -\dfrac{1}{R_1}$,$G_{13} = G_{31} = -\dfrac{1}{R_4}$,$G_{23} = G_{32} = -\dfrac{1}{R_3}$。互导可写成 $G_{ij} = G_{ji}(i \neq j)$,互导总为负。

（3）等号右侧如下。

第一项 $\sum I_{Sk}$,表示与节点相连接的电流源的代数和,其中流入节点电流为正,流出为负;

第二项 $\sum G_k U_{Sk}$,表示与节点相连接的电压源与其串联电导的乘积的代数和,其中电压源正极性端指向节点取正,否则取负。

如图 2 – 13 所示电路的节点电压方程为

$$\left(\frac{1}{R_4} + \frac{1}{R_4}\right)u_{n1} - \frac{1}{R_1}u_{n2} - \frac{1}{R_4}u_{n3} = I_{S1} + \frac{u_S}{R_4}$$

$$\frac{1}{R_1}u_{n1} + \left(\frac{1}{R_1} + \frac{1}{R_2} + \frac{1}{R_3}\right)u_{n2} - \frac{1}{R_3}u_{n3} = 0$$

$$\left(-\frac{1}{R_4} - \frac{1}{R_3}\right)u_{n2} + \left(\frac{1}{R_3} + \frac{1}{R_4}\right)u_{n3} = I_{S2} - \frac{u_S}{R_4}$$

解方程求出节点电压,进而求出各支路电压及其他的待求量。

对于具有 $n$ 个节点的电路,可列写 $(n-1)$ 个独立的节点电压方程,一般方程可写成

$$G_{ii}u_{ni} - G_{ij}u_{nj} = \sum_{\text{节点}i} I_{Sk} + \sum_{\text{节点}i} G_k U_{Sk}$$

1. 基本的节点电压法

【例 2 – 5】　用节点电压法求如图 2 – 14 所示电路各支路电流。

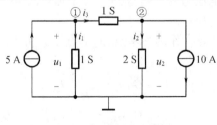

图 2 – 14　【例 2 – 5】图

**解**　用接地符号标出参考节点,标出两个节点电压 $u_1$ 和 $u_2$ 的参考方向,如图 2－14 所示,观察法列出节点方程,即

$$\begin{cases} (1\ \text{S}+1\ \text{S})u_1 - (1\ \text{S})u_2 = 5\ \text{A} \\ -(1\ \text{S})u_1 + (1\ \text{S}+2\ \text{S})u_2 = -10\ \text{A} \end{cases}$$

整理得到

$$\begin{cases} 2u_1 - u_2 = 5\ \text{V} \\ -u_1 + 3u_2 = -10\ \text{V} \end{cases}$$

解得各节点电压为

$$u_1 = 1\ \text{V}, u_2 = -3\ \text{V}$$

选定各电阻支路电流参考方向如图 2－14 所示,可求得

$$\begin{cases} i_1 = (1\text{S})u_1 = 1\ \text{A} \\ i_2 = (2\text{S})u_2 = -6\ \text{A} \\ i_3 = (1\text{S})(u_1 - u_2) = 4\ \text{A} \end{cases}$$

## 2.4　叠 加 定 理

叠加定理是线性电路中的一条重要定理,其内容是在多个电源共同作用的线性电路中,某一支路的电流(或电压)可以看成是电路中各独立电源单独作用时在该支路产生的电流(或电压)的代数和。

我们可以通过如图 2－15 所示电路验证叠加定理的正确性。

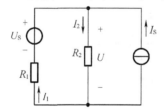

图 2－15　叠加定理证明图例

根据如图 2－15 所示电路,列节点电压方程为

$$U = \frac{\dfrac{U_\text{S}}{R_1} + I_\text{S}}{\dfrac{1}{R_1} + \dfrac{1}{R_2}} = \frac{\dfrac{U_\text{S}}{R_1}}{\dfrac{1}{R_1} + \dfrac{1}{R_2}} + \frac{I_\text{S}}{\dfrac{1}{R_1} + \dfrac{1}{R_2}} = \frac{R_2}{R_1 + R_2}U_\text{S} + \frac{R_1 R_2}{R_1 + R_2}I_\text{S} = U' + U'' \qquad (2－16)$$

将式(2－16)代入支路电流方程式,整理得

$$I_1 = \frac{U_\text{S} - U}{R_1} = \frac{U_\text{S}}{R_1 + R_2} - \frac{R_2}{R_1 + R_2}I_\text{S} = I_1' + I_1'' \qquad (2－17)$$

$$I_2 = \frac{U}{R_2} = \frac{U_\text{S}}{R_1 + R_2} + \frac{R_1}{R_1 + R_2}I_\text{S} = I_2' + I_2'' \qquad (2－18)$$

观察式(2－16)、式(2－17)和式(2－18),不难看出,节点电压和支路电流均为各电压源的电压和电流源的电流的一次函数,均可看成各独立电源单独作用时产生的响应的叠加,如图 2－16 所示。

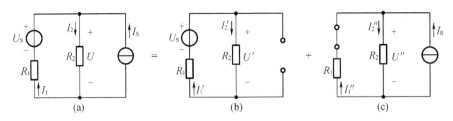

图 2-16 叠加定理图示

由图 2-16(b)不难得出

$$I_1' = I_2' = \frac{U_S}{R_1 + R_2}, U' = I_2' \times R_2 = \frac{R_2}{R_1 + R_2}U_S$$

由图 2-16(c)不难得出

$$I_1'' = -\frac{R_2}{R_1 + R_2}I_S, I_2'' = \frac{R_1}{R_1 + R_2}I_S, U'' = I_2'' \times R_2 = \frac{R_1 R_2}{R_1 + R_2}I_S$$

将上述结果与式(2-16)、式(2-17)和式(2-18)进行比较,结果是一样的。

应用叠加定理时应注意以下几点:

①在每个独立电源单独作用的等效电路中,不作用的独立电源要置零处理。方法是独立电压源短路,独立电流源开路,而电路的结构及所有电阻和受控源均不得更动。

②叠加定理只适用于线性电路求解电流和电压的响应,不能用来计算功率。这是因为线性电路中的电流和电压与激励呈一次函数关系,而功率与激励不再是一次函数关系。例如图 2-15 电路中 $R_2$ 电阻上的功率为

$$P_{R_2} = I_2^2 R_2 = (I_2' + I_2'')^2 R_2 \neq I_2'^2 R_2 + I_2''^2 R_2$$

③解题时要标明原电路中支路电流、电压的参考方向。若分电流、分电压与原电路中电流、电压的参考方向相反,叠加时相应项前加"-"号。

④若电路中含有受控源,应用叠加定理时,受控源不要单独作用。在独立源每次单独作用时受控源要保留其中。

⑤各独立电源"单独作用",是指每个独立电源逐个作用一次。在解题时遇到有多个独立源时也可将若干个独立源分组作用,但必须保证每个独立电源只能参与叠加一次,不能多次作用,也不能一次也不作用。

【例 2-6】 用叠加定理求如图 2-17(a)所示电路的电流 $I$ 和电压 $U$。

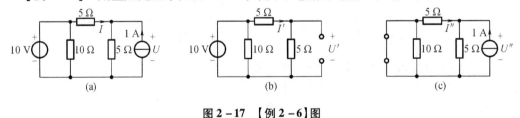

图 2-17 【例 2-6】图

**解** (1)10 V 电压源单独作用,1 A 电流源视为开路,等效电路如图 2-17(b)所示。

$$I' = \frac{10 \text{ V}}{5 \text{ } \Omega + 5 \text{ } \Omega} = 1 \text{ A}$$

$$U' = I' \times 5 \text{ } \Omega = 1 \text{ A} \times 5 \text{ } \Omega = 5 \text{ V}$$

（2）1 A 电流源单独作用，10 V 电压源视为短路，等效电路如图 2-17(c)所示。

$$I'' = \frac{5\ \Omega}{5\ \Omega + 5\ \Omega} \times 1\ A = 0.5\ A$$

$$U'' = I'' \times 5\ \Omega = 0.5\ A \times 5\ \Omega = 2.5\ V$$

（3）进行叠加，有

$$U = U' + U'' = 5\ V + 2.5\ V = 7.5\ V$$

$$I = I' - I'' = 1\ A - 0.5\ A = 0.5\ A$$

**【例 2-7】**    用叠加定理求图 2-18(a)所示电路的电流 $I_1$，$I_2$ 和电压 $U$。

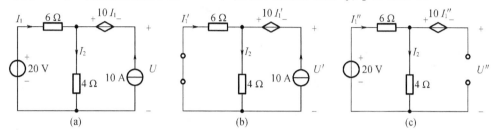

图 2-18    【例 2-7】图

**解**    （1）10 A 电流源单独作用，20 V 电压源视为短路，受控源保留不变，受控源的控制量为 $I_1'$，等效电路如图 2-18(b)所示。

$$I_1' = -\frac{4\ \Omega}{(6+4)\ \Omega} \times 10\ A = -4\ A$$

$$I_2' = I_1' + 10\ A = 10 - 4 = 6\ A$$

$$U' = I_2' \times 4\ \Omega - 10I_1' = 6\ A \times 4\ \Omega - 10 \times (-4\ A) = 64\ V$$

（2）20 V 电压源单独作用，10 A 电流源视为开路，受控源保留不变，受控源的控制量为 $I_1''$，等效电路如图 2-18(c)所示。

$$I_1'' = I_2'' = \frac{20\ V}{(6+4)\ \Omega} = 2\ A$$

$$U'' = I_2'' \times 4\ \Omega - 10I_1'' = 2\ A \times 4\ \Omega - 10 \times 2\ A = -12\ V$$

（3）进行叠加，有

$$I_1 = I_1' + I_1'' = -4\ A + 2\ A = -2\ A$$

$$I_2 = I_2' + I_2'' = 6\ A + 2\ A = 8\ A$$

$$U = U' + U'' = 64\ V + (-12\ V) = 52\ V$$

# 2.5    等效电源定理

工程实际中，经常遇到只需要计算复杂电路中的某一支路的电压、电流或功率问题，或者是电路中某一支路的参数需要经常变动而仅对该支路的电压、电流求解。这种情况应用等效电源定理来求解最为方便，此法是将除去待求支路的其余部分电路用一个等效电源来代替，这样就能把复杂的电路化为简单回路求解了。

## 2.5.1    戴维南定理

戴维南定理指出：任何一个线性含源一端口(二端)网络，对外电路而言，总可以用一个电压源串联电阻的电路模型等效代替,如图 2 − 19 所示。其中,电压源的电压 $u_{OC}$ 等于线性含源一端口网络 $a,b$ 两端之间的开路电压。电阻 $R_i$ 等于线性含源一端口网络中所有独立源置零,受控源保留其中的 $a,b$ 两端之间的等效电阻。

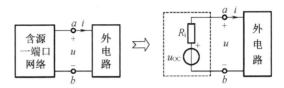

图 2 − 19    戴维南定理图示

【例 2 − 8】    求如图 2 − 20 所示一端口网络的戴维南等效电路。

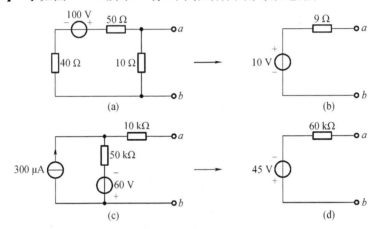

图 2 − 20    【例 2 − 8】图

**解**    图 2 − 20(a)中,设一端口网络的开路电压 $u_{OC}$ 的参考方向是由 $a$ 指向 $b$,则

$$u_{OC} = \frac{10\ \Omega}{40\ \Omega + 50\ \Omega + 10\ \Omega} \times 100\ \text{V} = 10\ \text{V}$$

将电压源用短路代替后的等效电阻 $R_i$ 为

$$R_i = \frac{90\ \Omega \times 10\ \Omega}{100\ \Omega} = 9\ \Omega$$

最后得到一端口网络的戴维南等效电路如图 2 − 20(b)所示。

图 2 − 20(c)中,设一端口网络的开路电压 $u_{OC}$ 的参考方向是由 $a$ 指向 $b$,则

$$u_{OC} = -60\ \text{V} + 50 \times 10^3 \times 300 \times 10^{-6}\ \text{V} = -45\ \text{V}$$

将电压源用短路代替以及电流源用开路代替后的等效电阻 $R_i$ 为

$$R_i = (10 + 50)\text{k}\Omega = 60\ \text{k}\Omega$$

最后得到一端口网络的戴维南等效电路如图 2 − 20(d)所示。

## 2.5.2    戴维南定理的证明

图 2 − 21(a)为有源二端网络 $N$ 与 $M$ 相连,$M$ 所在支路的电压为 $U$,电流为 $I$。由替代定理,用电流源 $I_S = I$ 替代图 2 − 21(a)中的 $M$ 支路得图 2 − 21(b)所示电路,$M$ 支路的电压 $U$ 不变。

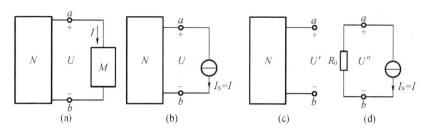

图 2 – 21　戴维南定理的证明

在图 2 – 21(b)中,由叠加定理可知,$U$ 由网络 $N$ 中所有电源作用而 $I_S$ 不作用时得到的电压 $U'$ 和 $I_S$ 单独作用而 $N$ 内所有电源不作用时得到的电压 $U''$ 叠加而得,即由图 2 – 21(c)和图 2 – 21(d)电压中的 $U'$ 和 $U''$ 叠加而成。图 2 – 21(c)中,$U'$ 为有源二端网络的开路电压 $E_0$,图 2 – 21(d)中,$R_0$ 为网络 $N$ 中所有电源不作用时的端口等效电阻。由图 2 – 21(d)知

$$U'' = -R_0 I$$

由此可得

$$U = U' + U'' = E_0 - R_0 I$$

这个式子表明有源二端网络 $N$ 对外电路而言,可等效为理想电压源 $E_0$ 和内阻 $R_0$ 的串联,如图 2 – 22 所示,$E_0$ 为有源二端网络 $N$ 的开路电压,$R_0$ 为网络 $N$ 中所有电源不作用时的端口等效电阻。

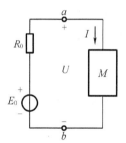

图 2 – 22　戴维南等效电路

### 2.5.3　诺顿定理

诺顿定理指出:任何一个线性含源一端口(二端)网络,对外电路而言,总可以用一个电流源并联电阻的电路模型等效代替,如图 2 – 23 所示。其中,电流源的电流 $i_{SC}$ 等于线性含源一端口网络的短路电流(将 $a,b$ 两端短路后其中的电流),电阻 $R_i$ 等于线性含源一端口网络中所有独立电源置零后所得到的无源一端口网络 $a,b$ 两端之间的等效电阻。

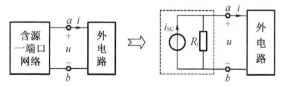

图 2 – 23　诺顿定理图示

【例 2 – 9】　求如图 2 – 24 所示一端口网络的诺顿等效电路。

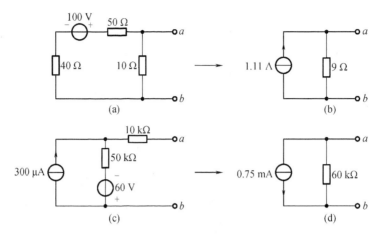

图 2-24 【例 2-9】图

**解** 图 2-24(a)中,设一端口网络的短路电流 $i_{SC}$ 方向是由 $a$ 流向 $b$,则

$$i_{SC} = \frac{100\ \text{V}}{40\ \Omega + 50\ \Omega} = 1.11\ \text{A}$$

$$R_i = \frac{90 \times 10}{100}\ \Omega = 9\ \Omega$$

最后得到一端口网络的诺顿等效电路如图 2-24(b)所示。

图 2-24(c)中,设一端口网络的短路电流 $i_{SC}$ 方向是由 $a$ 流向 $b$,根据叠加定理得

$$i_{SC} = \frac{50\ \text{k}\Omega}{(10+50)\ \text{k}\Omega} \times 300\ \mu\text{A} - \frac{60\ \text{V}}{(10+50)\ \text{k}\Omega} = -0.75\ \text{mA}$$

$$R_i = (10+50)\ \text{k}\Omega = 60\ \text{k}\Omega$$

最后得到一端口网络的诺顿等效电路如图 2-24(d)所示。这里要注意画等效电路时电流源的电流方向,因为没变换前 $i_{SC}$ 的真实方向是由 $b$ 流向 $a$,所以变换后 $i_{SC}$ 的方向向下。

应用戴维南定理和诺顿定理时应注意以下几点:

①"等效"是指对外电路(待求支路或外接负载)等效,至于电源内部则是不相等的。例如,当 $R_L = \infty$ 时,电压源的内阻 $R_0$ 中不损耗功率,而电流源的内阻 $R_0$ 中则损耗功率。

②要求被等效的含源一端口网络必须是线性的,内部允许含有独立源和线性元件,至于外电路,则没有任何限制,可以是有源的或无源的、线性的或非线性的。

③变换部分与外电路不能存在耦合关系(电、磁及光的耦合)。

④多数一端口网络可进行戴维南等效,也可进行诺顿等效,视问题的需要而定,但是若一端口网络的等效电阻 $R_i = 0$,则该一端口网络只有戴维南等效电路;而无诺顿等效电路,若一端口网络的等效电阻 $R_i = \infty$,则该一端口网络只有诺顿等效电路,而无戴维南等效电路。

⑤画等效电源电路时,应注意等效电源的参考方向,因为等效电源定理是对外电路等效,所以要保证变换前后外电路的电压或电流的方向是一致的。

# 2.6　最大功率传输定理

一个线性含源一端口电路,当所接负载不同时,一端口电路传输给负载的功率也有所不同。讨论负载为何值时能从电路获得最大功率及最大功率的值是多少具有一定的工程意义。

## 2.6.1　最大功率

在图 2 - 25(a)所示的任一线性含源一端口电路进行戴维南等效后电路如图 2 - 25(b)所示,负载电阻 $R_L$ 为何值时,其能够获得最大功率?

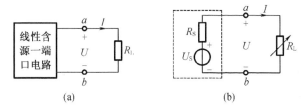

图 2 - 25　最大功率传输定理用图

由图 2 - 25(b)可知,负载获得的功率为

$$P_L = I^2 R_L = \left( \frac{U_S}{R_S + R_L} \right)^2 R_L \tag{2 - 19}$$

为了求得 $R_L$ 改变时 $P_L$ 的最大值,对式(2 - 19)求一阶导数,并令其为零,即

$$\frac{dP_L}{dR_L} = \frac{(R_S + R_L)^2 - 2R_L(R_S + R_L)}{(R_S + R_L)^4} \times U_S^2 = \frac{(R_S - R_L)U_S^2}{(R_S + R_L)^3} = 0 \tag{2 - 20}$$

解出

$$R_L = R_S \tag{2 - 21}$$

并且,当 $R_L < R_S$ 时,$\frac{dR_L}{dR_L} > 0$;当 $R_L > R_S$ 时,$\frac{dP_L}{dR_L} < 0$。故当 $R_L = R_S$ 时,$P_L$ 为唯一的极大值,且为最大值。

由此可见,在直流电路中,当负载电阻 $R_L$ 等于等效电源内电阻 $R_S$ 时,负载 $R_L$ 获得最大功率,这就是最大功率传输定理。此时电路称为实现"功率匹配",式(2 - 21)称为最大功率匹配条件。

在满足最大功率匹配条件时,负载 $R_L$ 获得的最大功率为

$$P_{Lmax} = I^2 R_L = \left( \frac{U_S}{R_S + R_L} \right)^2 R_L$$

$$P_{Lmax} = \frac{U_S^2}{4R_S} = \frac{U_S^2}{4R_L} \tag{2 - 22}$$

【例 2 - 10】　如图 2 - 26(a)所示的电路,求电阻 $R_L$ 为何值时它可以获得最大功率?最大功率 $P_{Lmax}$ 为多少?

**解**　将负载 $R_L$ 开路,求图 2 - 26(b)的戴维南等效电路。

$$U_{OC} = 8 \text{ V} + 2 \text{ A} \times 6 \text{ } \Omega = 20 \text{ V}$$

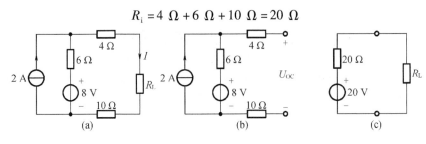

$$R_i = 4\ \Omega + 6\ \Omega + 10\ \Omega = 20\ \Omega$$

图 2 - 26 【例 2 - 10】图

等效戴维南电路如图 2 - 26(c)所示。当 $R_L = 20\ \Omega$ 时，$R_L$ 获得最大功率，即

$$P_{Lmax} = \frac{U_{OC}^2}{4R_L} = \frac{20^2}{4 \times 20} = 5\ W$$

### 2.6.2　传输效率

电路的传输效率定义为负载获得的功率与电源发出的功率的比值，用符号 $\eta$ 表示。若用 $P_L$ 表示负载获得的功率，用 $P_S$ 表示电源发出的功率，则

$$\eta = \frac{P_L}{P_S} \times 100\% \tag{2-23}$$

在图 2 - 27(b)中，在负载匹配时，电路的传输效率为

$$\eta = \frac{P_L}{P_S} = \frac{I^2 R_L}{I^2(R_S + R_L)} \times 100\% = \frac{R_L}{2R_L} \times 100\% = 50\% \tag{2-24}$$

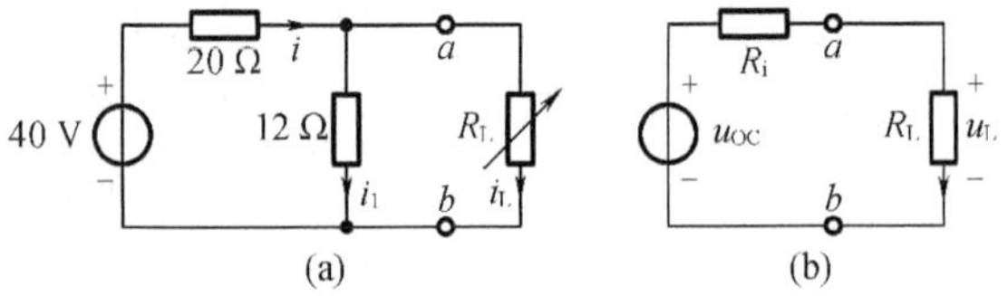

图 2 - 27　等效电路图

可以看出，在负载获得最大功率时，传输效率却很低，有一半的功率消耗在等效电源内部。这种情况在电力系统中是不允许的，电力系统要求高效率传输功率，因此应使 $R_L$ 远远大于 $R_S$。而在自动检测、通信系统中，往往要求信号强，所以负载获得最大功率是主要问题，通常工作在功率匹配状态。

有一点需要注意，在图 2 - 27(b)中，负载匹配时等效电源的传输效率是 50%。但是端口内部消耗的功率并不等于端口等效电阻消耗的功率，电路的传输效率并不一定是 50%。

【例 2 - 11】　根据图 2 - 27 所示的电路，试求：

(1)$R_L$ 为何值时获得最大功率，并计算此最大功率；

(2)40 V 电压源的传输效率是多少？

**解**　断开负载 $R_L$，求 $a,b$ 端口左侧电路的戴维南等效电路参数为

$$u_{OC} = \frac{12\ \Omega}{20\ \Omega + 12\ \Omega} \times 40\ V = 15\ V$$

$$R_i = 20\ \Omega /\!/ 12\ \Omega = 7.5\ \Omega$$

戴维南等效电路如图 2 - 27(b)所示。由最大功率传输定理得，当 $R_L = R_i = 7.5\ \Omega$ 时，

负载获得最大功率,最大功率为

$$P_{Lmax} = \frac{U_{OC}^2}{4R_L} = \frac{(15\ V)^2}{4 \times 7.5\ \Omega} = 7.5\ W$$

当负载获得最大功率时,负载电流、电压为

$$i_L = \frac{u_{OC}}{R_i + R_L} = \frac{15\ V}{7.5\ \Omega + 7.5\ \Omega} = 1\ A$$

$$u_L = R_L \times i_L = 7.5\ \Omega \times 1\ A = 7.5\ V$$

由图 2 - 27(a)得通过 12 Ω 电阻的电流为

$$i_1 = \frac{u_L}{12\ \Omega} = \frac{7.5\ V}{12\ \Omega} = \frac{5}{8} A$$

由 KCL 得

$$i = i_1 + i_L = \frac{5}{8} A + 1\ A = \frac{13}{8} A$$

40 V 电压源发出的功率为

$$P_S = 40\ V \times \frac{13}{8} A = 65\ W$$

传输效率为

$$\eta = \frac{7.5\ W}{65\ W} \times 100\% = 11.5\%$$

由此题可以看出,虽然等效开路电压的传输效率为 50%,但电路中的实际电压的传输效率仅为 11.5%。

## 【重点串联】

1. 支路电流法列写电路方程的一般步骤

(1)假设各支路电路及参考方向。

(2)列写 $b$ 个方程。针对独立节点列写 KCL 方程($n-1$)个;选择独立回路(一般选择内网孔)列写 KVL 方程($b-n+1$)个。

(3)求解上述方程,得到 $b$ 个支路电流。

2. 节点电压法分析一般步骤

(1)选取节点为参考点。

(2)列写节点电压为变量的方程。

(3)支路电压是节点电压的线性组合。

3. 叠加定理

多个独立源共同作用的较为复杂的线性电路,可以拆分成每个独立源(或几个一组)单独作用时所产生响应的代数叠加。叠加定理体现了线性电路的可叠加性,用叠加定理求解电路的基本思想是"化整为零",即将较复杂的电路,分解为一个个较简单的电路进行求解。

4. 等效电源定理

等效电源定理包括戴维南和诺顿两个定理。戴维南定理:线性含源一端口网络的对外作用可以用电压源等效代替,等效电压源的电压等于此一端口网络的开路电压,等效电阻是此一端口网络内部各独立电源置零后所得的等效电阻。常用的等效电阻求解方法有电阻串联、并联等效变换,外加激励法,开路、短路法。诺顿定理:线性含源一端口网络的对外作用可以用电流源等效代替,等效电流源的电流等于此一端口网络的短路电流,等效电阻是此一端口网络内部各独立电源置零后所得的等效电阻。在负载需要经常变化的场合,应用等效电源定理求解最为方便。应用等效电源定理时要注意,一端口网络内部必须是线性的,内部允许含有独立源和线性元件。至于外电路,则没有任何限制,可以是有源的或无源的、线性的或非线性的。

**5. 获得最大功率问题**

在需要求解负载为何值时能从电路获得最大功率的问题,往往需要先求解戴维南(或诺顿)等效电路,然后利用最大功率传输定理最为简便。最大功率传输定理告诉我们:当负载电阻等于等效电源的内电阻时,负载获得最大功率,最大功率为 $P_{Lmax} = \dfrac{U_S^2}{4R_S} = \dfrac{U_S^2}{4R_L}$。

# 习 题 2

## 一、填空题

1. 在多个电源共同作用的_____电路中,任一支路的响应均可看成是由各个激励源_____下在该支路上所产生的响应的叠加,称为叠加定理。

2. 应用叠加定理除源时,电压源_____处理,电流源_____处理。

3. 叠加定理适用于求解线性电路中的_____和_____,不可计算_____。

4. 等效电源定理包括_____和_____。

## 二、选择题

1. 叠加定理只适用于_____。

A. 交流电路                       B. 直流电路

C. 线性电路                       D. 任何电路

2. 图 2-28 电路中 $ab$ 短路线中电流 $I_{ab}=$_____。

A. 1 A                            B. 2 A

C. 3 A                            D. -1 A

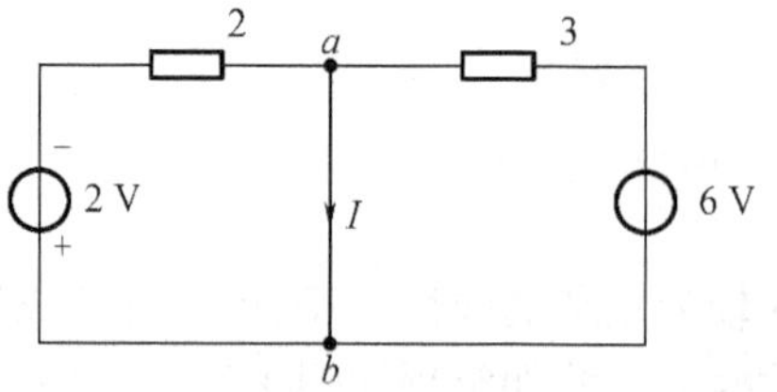

图 2-28

3. 将如图 2-29(a)所示电路等效为如图 2-29(b)所示的电流源等效电路,则电路参数为_____。

A. $I_{SC}=6$ A    $R_i=2$ Ω               B. $I_{SC}=9$ A    $R_i=8$ Ω

C. $I_{SC}=-6$ A    $R_i=2$ Ω            D. $I_{SC}=-9$ A    $R_i=4$ Ω

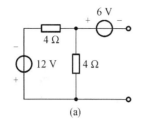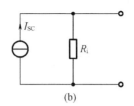

(a)　　　　　　　　　　　(b)

**图 2 – 29**

6. 电路如图 2 – 30 所示,则其 $R_L$ 两端的戴维南等效电路的参数为_____。

A. $U_{OC} = 10$ V　$R_i = 2$ Ω　　　　　　　B. $U_{OC} = 10$ V　$R_i = 4$ Ω

C. $U_{OC} = 20$ V　$R_i = 2$ Ω　　　　　　　D. $U_{OC} = 20$ V　$R_i = 4$ Ω

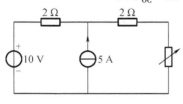

**图 2 – 30**

7. 如图 2 – 31 所示电路中,若 $R_L$ 可变,则 $R_L$ 所能获得的最大功率 $P_{Lmax}$ 为_____。

A. 5 W　　　　　　　　　　　　B. 10 W

C. 20 W　　　　　　　　　　　D. 40 W

8. 电路如图 2 – 32 所示,当负载匹配时,负载 $R_L$ 获得的最大功率 $P_{Lmax}$ 为_____。

A. 6.75 W　　　　　　　　　　B. 4.5 W

C. 1.5 W　　　　　　　　　　　D. 3 W

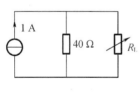　　　　　　　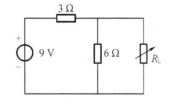

**图 2 – 31**　　　　　　　　　　　**图 2 – 32**

# 三、计算题

1. 电路如图 2 – 33 所示,试应用叠加原理计算支路电流 $I$ 和电流源的电压 $U$。

2. 电路如图 2 – 34 所示,试用叠加定理求各支路电流及电流源功率。

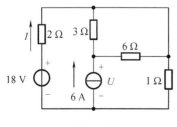　　　　　　　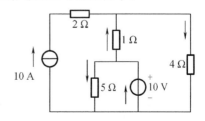

**图 2 – 33**　　　　　　　　　　　**图 2 – 34**

3. 试用戴维南定理求如图 2-35 所示电路中的电流 $i$。

4. 试用戴维南定理求如图 2-36 所示电路中的电流 $i$。

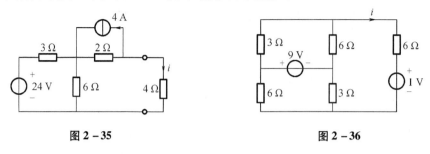

图 2-35　　　　　　　　　　　图 2-36

5. 用电源模型等效变换的方法求图 2-37 电路的电流 $i_1$ 和 $i_2$。

6. 试用电压源与电流源等效变换的方法计算图 2-38 中的电流 $I$。

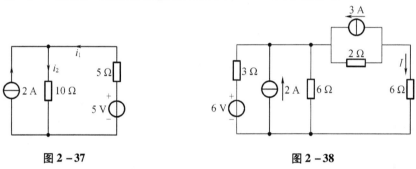

图 2-37　　　　　　　　　　　图 2-38

# 习题 2 参考答案

## 一、填空题

1. 线性,单独作用　2. 短路,开路　3. 电流,电压,电功率　4. 戴维南定理,诺顿定理

## 二、选择题

1. C　2. A　3. C　4. D　5. B　6. D　7. B　8. B

# 第 3 章　正弦交流电路

## 【本章要点】

正弦交流电路是指含有正弦电源而且各部分所产生的电压和电流均按正弦规律变化的电路。交流电路在生产、生活中广泛应用,其中又以正弦规律变化的交流电路应用最为普遍。因此研究正弦交流电路具有重要的现实意义。

本章介绍正弦交流电路的基本概念、基本理论和基本的分析方法,确定不同参数和不同结构的各种正弦交流电路的电压与电流之间的关系。学习本章内容为后面学习交流电机、电器及电子技术打下基础。

## 3.1　正弦交流电的基本概念

### 3.1.1　正弦量及其三要素

前面介绍的都是直流电路,电压和电流的大小和方向是不随时间变化的,但在电工技术中常见的随时间变化的电压和电流中,常用的是电压和电流按正弦规律变化,统称为正弦量。本书用正弦函数表示正弦量(有些书中用余弦函数表示正弦量)。

正弦量在任一时刻的值称为瞬时值,用 $i$ 和 $u$ 表示。这里以正弦电流为例,设有正弦电流 $i$,$i$ 的图形如图 3 – 1 所示,其数学表达式为

$$i = I_m \sin(\omega t + \psi_i) \tag{3–1}$$

式中的三个常数 $I_m$,$\omega$ 和 $\psi_i$ 称为正弦量的三要素。已知正弦量的三要素,即可确定正弦量的瞬时值。

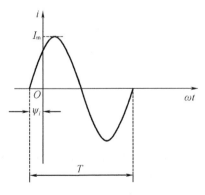

**图 3 – 1　正弦电流图**

$I_m$ 称为正弦量的幅值。它是正弦量在整个变化过程中所能达到的最大值,即 $\sin(\omega t + \psi_i) = 1$ 时,有 $i_{max} = I_m$,如图 3 – 1 所示。

$\omega t + \psi_i$ 是随时间变化的角度,反映了正弦量变化的进程,称为正弦量的相位或相角。$\omega$ 称为正弦量的角频率,它反映了正弦量变化的速率,即

$$\omega = \frac{\mathrm{d}}{\mathrm{d}t}(\omega t + \psi_i)$$

角频率 $\omega$ 的单位为 rad/s。正弦量的角频率 $\omega$、周期 $T$ 和频率 $f$ 之间的关系为

$$\omega T = 2\pi, \quad \omega = 2\pi f, \quad f = 1/T$$

频率 $f$ 的单位为 Hz(赫兹)。我国和大多数国家工业用电频率都采用 50 Hz(有些国家采用 60 Hz),这种频率在工业上应用广泛,习惯上称为工频。工程中还常以频率区分电路,如音频电路、高频电路、甚高频电路等。

$\psi_i$ 为正弦量的初相位(角),简称初相,它是正弦量在 $t=0$ 时的相角。初相的单位用弧度或度表示,一般规定 $|\psi_i| \leqslant 180°$。这里须说明,正弦量的初相与计时起点有关。

### 3.1.2 正弦量的有效值

正弦量电压、电流的瞬时值是随时间变化的,为了简单地衡量其大小,常采用有效值,用相对应的大写字母表示。数字电流表、电压表中显示的数值都是有效值。电流有效值 $I$ 定义如下:令正弦电流 $i$ 和直流电流 $I$ 分别通过阻值相等的电阻 $R$,如果在相等的时间 $T$ 内,两个电阻消耗的能量相等,即

$$I^2 RT = \int_0^T i^2 R \mathrm{d}t$$

可得 $I$ 为

$$I = \sqrt{\frac{1}{T}\int_0^T i^2 \mathrm{d}t} = \sqrt{\frac{1}{T}\int_0^T I_m^2 \sin^2(\omega t + \psi_i)\mathrm{d}t}$$

$$I = I_m/\sqrt{2} = 0.707 I_m \tag{3-2}$$

同理可得正弦电压的有效值与幅值的关系为

$$U = U_m/\sqrt{2} = 0.707 U_m \tag{3-3}$$

### 3.1.3 相位差

在电路中,任意两个同频率的正弦量的相位角之差,称为相位差,用 $\varphi$ 表示。相位差是区别同频率正弦量的重要标志之一。例如,设两个同频率的正弦电压 $u$、正弦电流 $i$ 分别为

$$u = U_m \sin(\omega t + \psi_u)$$
$$i = I_m \sin(\omega t + \psi_i)$$

它们的相位差 $\varphi$ 为

$$\varphi = (\omega t + \psi_u) - (\omega t + \psi_i) = \psi_u - \psi_i$$

可见,同频率正弦量的相位差等于它们的初相位之差,是一个与时间无关的常数。

当 $\varphi = 0$ 时,表明 $\psi_u = \psi_i$,称为电压 $u$ 与电流 $i$ 同相位,简称同相。如图 3-2(a)所示,电压 $u$ 和电流 $i$ 同时达到零点,同时达到最大值。

当 $\varphi > 0$ 时,表明 $\psi_u > \psi_i$,称电压 $u$ 超前于电流 $i$,或称电流 $i$ 滞后于电压 $u$。若 $\psi_u > 0$,$\psi_i > 0$,如图 3-2(b)所示。

当 $\varphi < 0$ 时,表明 $\psi_u < \psi_i$,称电压 $u$ 滞后于电流 $i$,或称电流 $i$ 超前于电压 $u$。若 $\psi_u > 0$,$\psi_i > 0$,如图 3-2(c)所示。

当 $\varphi = \pm\pi$ 时,称电压 $u$ 和电流 $i$ 相位相反,简称反相,如图 3-2(d)所示。

当 $\varphi = \pm\pi/2$ 时,称电压 $u$ 和电流 $i$ 正交,如图 3-2(e)所示。

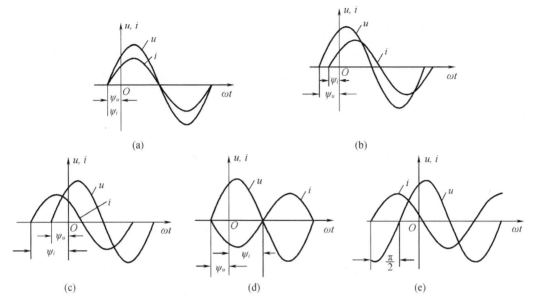

图 3-2　两同频率正弦量的相位关系

可见,两个同频率的正弦量的计时起点 $(t=0)$ 不同时,它们的相位和初相位也不同,但是相位差相同,即两个同频率的正弦量的相位差与计时起点无关。

【例 3-1】　已知正弦交流电压 $u = 311\sin(314t + 60°)$ V,求电压的有效值、频率和周期。

**解**　电压的有效值为

$$U = \frac{U_{\mathrm{m}}}{\sqrt{2}} = \frac{311}{\sqrt{2}} = 220 \text{ V}$$

电压的频率为

$$f = \frac{\omega}{2\pi} = \frac{314}{2\pi} = 50 \text{ Hz}$$

电压的周期为

$$T = \frac{1}{f} = \frac{1}{50} = 0.02 \text{ s}$$

【例 3-2】　在某电路中,电流 $i = 8\sin(\omega t + 60°)$ A, $u_1 = 120\sin(\omega t - 180°)$ V,求 $i$ 与 $u_1$ 的相位关系。

**解**　$i$ 与 $u_1$ 的相位差

$$\varphi = 60° - (-180°) = 240°$$

取 $\varphi$ 在 $-\pi$ 与 $\pi$ 之间,所以 $\varphi = -120° < 0$, $i$ 滞后于 $u_1 120°$。

# 3.2 正弦量相量表示法

前面已经介绍正弦量的两种表示方法,即三角函数式和正弦波形。但这两种表示方法在分析和计算正弦交流电路时,难以进行加、减、乘、除等运算,因此,相量法是分析正弦稳态电路的简便方法,用相量法可以简化正弦函数的代数运算。借用复数的极坐标表示法表示正弦函数(既相量法),可以简化正弦稳态电路的分析和计算。

## 3.2.1 复数及其表示形式

一个复数可以用代数形式、三角形式、指数形式和极坐标形式来表示。复数 $A$ 的代数形式为

$$A = a + jb$$

式中,$a$,$b$ 为实数;$a$ 为复数的实部;$b$ 为复数的虚部;$j = \sqrt{-1}$ 为虚数单位。

在直角坐标系中,以横坐标为实数轴,纵坐标为虚数轴,这样构成的平面叫作复平面。一个复数 $A$ 用对应坐标点的有向线段(向量)来表示,如图 3-3 所示。根据图 3-3 可知,若复数 $A$ 与横轴正方向之间的夹角为 $\theta$,则复数 $A$ 的三角形式为

$$A = a + jb = |A|(\cos \theta + j\sin \theta)$$

式中,$|A|$ 为复数 $A$ 的模;$\theta$ 为复数 $A$ 的辐角,可以用弧度或度表示。

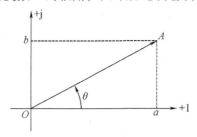

图 3-3 复数的几何表示

由图 3-3 可知

$$|A| = \sqrt{a^2 + b^2}$$

$$\theta = \arctan \frac{b}{a}$$

$$a = |A|\cos \theta$$

$$b = |A|\sin \theta$$

根据欧拉公式

$$e^{j\theta} = \cos \theta + j\sin \theta$$

可以把复数的三角形式改写成指数形式,即

$$A = |A|e^{j\theta}$$

复数的指数形式还可以改写成极坐标形式,即

$$A = |A| \angle \theta$$

复数的加、减运算常用代数形式。设两个复数分别为 $A_1 = a_1 + jb_1$,$A_2 = a_2 + jb_2$,则

$$A_1 \pm A_2 = (a_1 + jb_1) \pm (a_2 + jb_2) = (a_1 \pm a_2) \pm j(b_1 \pm b_2)$$

即几个复数相加或相减就是它们的实部和虚部分别相加或相减。

复数的加减运算也可用平行四边形法则,在复平面上用向量的相加和相减求得,如图 3-4所示。

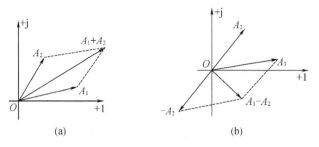

图 3-4　复数代数和的图解法

复数的乘、除法运算常用极坐标形式。即两个复数的乘法运算为

$$A_1 \times A_2 = |A_1| \angle \theta_1 \times |A_2| \angle \theta_2 = |A_1| \times |A_2| \angle (\theta_1 + \theta_2) \tag{3-4}$$

两个复数的除法运算为

$$\frac{A_1}{A_2} = \frac{|A_1| \angle \theta_1}{|A_2| \angle \theta_2} = \frac{|A_1|}{|A_2|} \angle (\theta_1 - \theta_2) \tag{3-5}$$

由式(3-4)和式(3-5)可见,两个复数乘积的模等于这两个复数的模的乘积,辐角等于这两个复数辐角的和。两个复数商的模等于这两个复数模的商,辐角等于这两个复数辐角的差。可以发现,采用极坐标形式进行乘除法运算比较简单。

**【例 3-3】** 已知 $A_1 = 4 + j3, A_2 = 6 - j8$,求:

(1) $A_1 + A_2$;

(2) $A_1 - A_2$;

(3) $A_1 \times A_2$;

(4) $A_1 / A_2$。

**解**　(1) $A_1 + A_2 = (4 + j3) + (6 - j8) = 10 - j5 = 11.18 \angle -26.6°$;

(2) $A_1 - A_2 = (4 + j3) - (6 - j8) = -2 + j11 = 11.18 \angle 100.3°$;

(3) $A_1 \times A_2 = 5 \angle 36.9° \times 10 \angle -53.1° = 50 \angle -16.2°$;

(4) $A_1 / A_2 = \dfrac{5 \angle 36.9°}{10 \angle -53.1°} = 0.5 \angle 90°$。

### 3.2.2　正弦量的相量表示

在线性电路中,如果激励是正弦量,则电路中各支路的电压和电流的稳态响应将是同频正弦量。处于这种稳定状态的电路称为正弦稳态电路,又可称为正弦电路。在分析线性电路的正弦稳态响应时,也要用到欧姆定律、基尔霍夫定律等,经常会进行正弦量的乘除运算,利用三角函数进行正弦量的乘除运算比较麻烦,利用复数的极坐标形式表示正弦量(相量法),可以使正弦稳态电路的分析和计算得到简化。

复数的极坐标形式为 $A = |A| \angle \theta$,$A$ 是复数的模,$\theta$ 是复数的辐角。因为电路中所有电压和电流都是同频率正弦量,即角频率 $\omega$ 相同,三要素中有一个是相同的,只要表示出其他

两个就可以了。根据欧拉公式 $e^{j\theta} = \cos\theta + j\sin\theta$ 可得出,正弦量的有效值对应于复数的模,初相角对应于复数的辐角,所以正弦量可以用复数来表示,这个复数定义为正弦量的相量(本书中的相量都指有效值相量),记为 $\dot{I}$,为区别于复数的表示,在大写字母 $I$ 上加小圆点来表示相量。即

$$\dot{I} = I \angle \psi_i \qquad (3-6)$$

同理,设正弦电压

$$u = U_m \sin(\omega t + \psi_u)$$

则其相量为

$$\dot{U} = U \angle \psi_u \qquad (3-7)$$

在实际应用中,只要已知正弦量就可以直接写出它的相量;反之,若已知相量和正弦量的角频率 $\omega$,就可以写出相对应的正弦量。例如,正弦量 $220\sqrt{2}\sin(\omega t + 45°)$,它的相量就是 $220\angle 45°$,若已知角频率 $\omega = 100$ rad/s 的正弦量的相量为 $10\angle 30°$,则此正弦量为 $10\sqrt{2}\sin(100t + 30°)$。

相量是一个复数,它在复平面上的图形称为相量图,如图 3-5 所示。

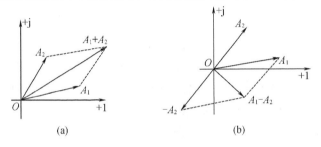

(a)　　　　　　　　　　　(b)

图 3-5　正弦量的相量图

这里须说明:只有正弦量才能用相量表示,相量不能表示非正弦量。只有同频率的正弦量才能画在同一相量图上,不同频率的正弦量不能画在一个相量图上,否则无法进行比较和计算。

**【例 3-4】** 试写出下列各式电流的相量,并画出相量图。

(1) $i_1 = 5\sqrt{2}\sin(314t + 60°)$ A;

(2) $i_2 = -10\sqrt{2}\cos(314t + 30°)$ A;

(3) $i_3 = -4\sqrt{2}\sin(314t + 45°)$ A。

**解** (1) $\dot{I}_1 = 5\angle 60°$ A。

(2) 因为 $i_2 = -10\sqrt{2}\cos(314t + 30°) = 10\sqrt{2}\sin(314t + 30° - 90°) = 10\sqrt{2}\sin(314t - 60°)$ A,所以 $\dot{I}_2 = 10\angle -60°$ A。

(3) 因为 $i_3 = -4\sqrt{2}\sin(314t + 45°) = 4\sqrt{2}\sin(314t + 45° - 180°) = 4\sqrt{2}\sin(314t - 135°)$ A,所以 $\dot{I}_3 = 4\angle -135°$ A。

各量的相量图如图 3-6 所示。

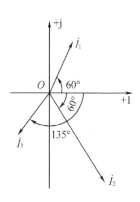

**图 3 – 6　【例 3 – 4】的相量图**

**【例 3 – 5】**　已知正弦量的角频率为 $\omega$，相量表示如下：

$(1)\dot{U}_1 = 50 \angle -60°\ \text{V}$；

$(2)\dot{U}_2 = 10 \angle 150°\ \text{V}$。

求各电压相量所代表的电压瞬时值表达式。

**解**　$(1)\ u_1 = 50\sqrt{2}\sin(\omega t - 60°)\ \text{V}$；

$(2)\ u_2 = 10\sqrt{2}\sin(\omega t + 150°)\ \text{V}$。

# 3.3　三种基本电路元件伏安关系的相量表示

## 3.3.1　正弦交流电路中电阻元件

设电阻元件中流过的电流为 $i_R = \sqrt{2}I_R\sin(\omega t + \psi_{i_R})$，如图 3 – 7（a）所示。

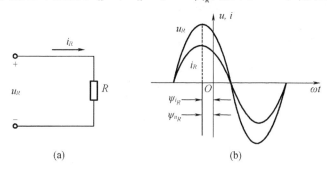

(a)　　　　　　　　　　　　(b)

**图 3 – 7　电阻元件电压、电流瞬时值关系**

电阻元件的伏安关系为

$$u_R = Ri_R$$

将电流代入上式可得

$$u_R = R_{i_R} = \sqrt{2}RI_R\sin(\omega t + \psi_{i_R})$$

可得相量关系式为

$$\dot{U}_R = RI_R \angle \psi_{i_R} = R\dot{I}_R \qquad\qquad (3-10)$$

由以上可看出：

（1）电阻元件电压与电流大小关系为

$$\frac{u_R}{i_R} = R$$

（2）电阻元件电压与电流相位关系为

$$\psi_{u_R} = \psi_{i_R}$$

即电阻元件电压与电流同相（$\psi_{u_R}$为电压初相角）。

（3）电阻元件电压与电流相量关系为

$$\frac{\dot{U}_R}{\dot{I}_R} = R$$

电阻元件的电压、电流波形图如图3－7（b）所示，相量模型和电压、电流的相量图分别如图3－8（a）和图3－8（b）所示。

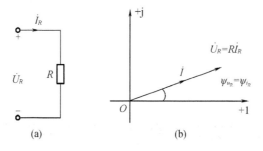

**图3－8　电阻元件电压、电流相量关系**

（a）电阻元件的相量模型；（b）电阻元件的电压、电流的相量图

## 3.3.2　正弦交流电路中电感元件

设电感元件中流过的电流为$i_L = \sqrt{2} I_L \sin(\omega t + \psi_{i_L})$，图3－9（a）所示。

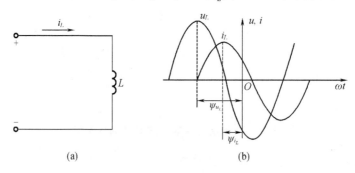

**图3－9　电感元件电压、电流瞬时值关系**

电感元件的伏安关系为

$$u_L = L \frac{\mathrm{d}i_L}{\mathrm{d}t}$$

将电流代入上式可得

$$u_L = L\frac{\mathrm{d}i_L}{\mathrm{d}t} = \sqrt{2}\,\omega LI_L\cos(\omega t + \psi_{i_L}) = \sqrt{2}\,\omega LI_L\sin(\omega t + \psi_{i_L} + 90°) \qquad (3-9)$$

由式(3-9)可得

$$\dot{U}_L = \omega LI_L\angle\psi_{i_L} + 90° = \mathrm{j}\omega LI_L\angle\psi_{i_L} = \mathrm{j}\omega L\dot{I}_L$$

则可得电感元件电压、电流相量关系为

$$\dot{U}_L = \mathrm{j}\omega L\dot{I}_L \qquad (3-10)$$

由以上可看出：

（1）电感元件电压与电流大小关系为

$$\frac{U_L}{I_L} = \omega L$$

（2）电感元件电压与电流相位关系为

$$\psi_{u_L} = \psi_{i_L} + 90°$$

即电感元件电压超前电流 90°。

（3）电感元件电压与电流相量关系为

$$\frac{\dot{U}_L}{\dot{I}_L} = \mathrm{j}\omega L = \mathrm{j}X_L$$

由上式可见，电压与电流的大小之比可以表示为

$$\frac{U_L}{I_L} = \omega L = X_L \qquad (3-11)$$

式中，$X_L = \omega L = 2\pi fL$，称为感抗，与电阻作用相同，具有电阻的量纲，单位为 $\Omega$。

由式(3-11)可见，感抗与 $\omega$ 和 $L$ 成正比，即对于一定的电感 $L$，频率越高，电感呈现的感抗越大；反之越小。因此，电感对低频呈现的阻力小。直流相当于频率为零的交流，在这种情况下，电感呈现的阻力为零，可看成短路，这就是常说的电感具有"通直隔交"的特性。

电感元件的电压、电流波形图如图 3-9(b)所示，其相量模型和电压、电流的相量图分别如图 3-10(a)和图 3-10(b)所示。

【例 3-6】　如图 3-11 所示的电路，设电压 $u = 10\sqrt{2}\sin(100t - 30°)$ V，求电感电流 $i$。

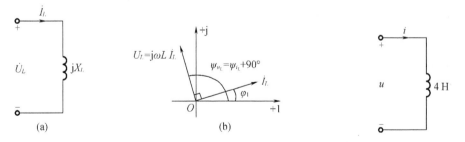

图 3-10　电感元件电压、电流相量关系　　　图 3-11　【例 3-6】图

(a)电感元件的相量模型；(b)电感元件的电压、电流的相量

**解**　由题可知感抗为

$$X_L = \omega L = 100 \times 4 = 400 \ \Omega$$

由电压 $u = 10\sqrt{2}\sin(100t - 30°)$ V 可得

$$\dot{U} = 10 \angle -30° \text{V}$$

由电感元件电压电流相量关系可得

$$\dot{I} = \frac{\dot{U}}{jX_L} = \frac{10 \angle -30°}{400 \angle 90°} = 0.025 \angle -120° \text{A}$$

所以电流 $i$ 为

$$i(t) = 0.025\sqrt{2}\sin(100t - 120°) \text{A}$$

### 3.3.3 正弦交流电路中电容元件

设电容元件两端的电压为 $u_C = \sqrt{2}U_C\sin(\omega t + \psi_{u_C})$，如图 3-12(a)所示。

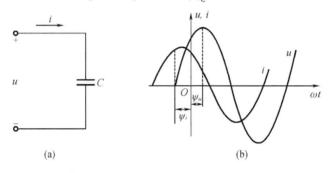

图 3-12 电容元件电压、电流瞬时值关系

电容元件的伏安关系为

$$i_C = C\frac{du_C}{dt}$$

将电压代入上式可得

$$i_C(t) = C\frac{du_C}{dt} = \sqrt{2}\omega CU_C\cos(\omega t + \psi_{u_C}) = \sqrt{2}\omega CU_C\sin(\omega t + \psi_{u_C} + 90°) \qquad (3-12)$$

由式(3-12)可得

$$\dot{I}_C = \omega CU_C \angle \psi_{u_C} + 90° = j\omega CU_C \angle \psi_{u_C} = j\omega C\dot{U}_C$$

则可得电容元件电压、电流相量关系为

$$I \cdot C = j\omega C\dot{U}_C \qquad (3-13)$$

由以上可看出：

(1)电容元件电压与电流大小关系为

$$\frac{U_C}{I_C} = \frac{1}{\omega C}$$

(2)电容元件电压与电流相位关系为

$$\psi_{i_C} = \psi_{u_C} + 90°$$

即电容元件电压滞后电流90°。

(3)电容元件电压与电流相量关系为

$$\frac{\dot{U}_c}{\dot{I}_c} = \frac{1}{\mathrm{j}\omega C} = -\mathrm{j}\frac{1}{\omega C} = -\mathrm{j}X_C$$

由上式可见,电压与电流的大小之比可表示为

$$\frac{U_c}{I} = \frac{1}{\mathrm{j}\omega C} = X_C \qquad\qquad (3-14)$$

式中,$X_C = \dfrac{1}{\mathrm{j}\omega C} = \dfrac{1}{2\pi f C}$,称为容抗,与电阻作用相同,具有电阻的量纲,单位是 $\Omega$。

由式(3-14)可见,容抗与 $\omega$ 和 $C$ 成反比,即对于一定的电容 $C$,频率越高,电容呈现的容抗越小;反之越大。因此,电容对高频呈现的阻力小。直流相当于频率为零的交流,在这种情况下,电容呈现的阻力为无穷大,可看成开路,这就是常说的电容具有"通交隔直"的特性。

电容元件的电压、电流波形图如图 3-13(b)所示,其相量模型和电压、电流的相量图分别如图 3-13(a)和图 3-13(b)所示。

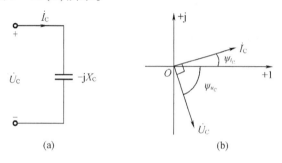

**图 3-13　电容元件电压、电流相量关系**

(a)电容元件的相量模型;(b)电容元件的电压、电流的相量

**【例 3-7】**　如图 3-14 所示电路,设电流 $i = 8\sqrt{2}\sin(100t - 60°)\,\mathrm{A}$,求电容电压 $u$。

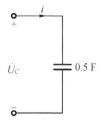

**图 3-14　【例 3-7】图**

**解**　由题可知容抗为

$$X_C = \frac{1}{\omega C} = \frac{1}{100 \times 0.5} = \frac{1}{50}\ \Omega$$

由电压 $i = 8\sqrt{2}\sin(100t - 60°)\,\mathrm{A}$ 可得

$$\dot{I} = 8\angle -60°\ \mathrm{A}$$

由电容元件电压电流相量关系可得

$$\dot{U} = -\mathrm{j}X_C\dot{I} = \frac{1}{50}\angle -90° \times 8\angle -60° = 0.16\angle -150°\ \mathrm{V}$$

所以电压 $u$ 为

$$u = 0.16\sqrt{2}\sin(100t - 150°) \text{ V}$$

# 3.4 阻抗和导纳

## 3.4.1 阻抗和导纳

### 1. 阻抗

图 3 – 15(a)所示为一含线性电阻、电感、电容等元件,但不含独立电源的线性二端网络,在正弦稳态情况下,其端口电流和电压均为同频率的正弦量。应用相量法定义端口的电压相量 $\dot{U}$ 与电流相量 $\dot{I}$ 之比为该无源二端网络的阻抗 $Z$,即

$$Z = \frac{\dot{U}}{\dot{I}} = \frac{U\angle\psi_u}{I\angle\psi_i} = \frac{U}{I}\angle(\psi_u - \psi_i) = |Z|\angle\varphi_Z \qquad (3-15)$$

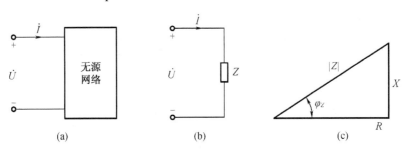

**图 3 – 15　无源二端网络及其阻抗**

等效电路如图 3 – 15(b)所示,$\dot{U} = Z\dot{I}$,它与电阻元件的欧姆定律有相似的形式,阻抗的单位为 $\Omega$。$Z$ 的模值 $|Z|$ 称为阻抗模,$|Z| = \dfrac{U}{I}$,单位也为 $\Omega$。$\varphi_Z = \psi_u - \psi_i$,是阻抗 $Z$ 的辐角,称为阻抗角。

阻抗是一个复数量,可以写成代数形式和极坐标形式。

用代数形式表示阻抗为

$$Z = R + jX \qquad (3-16)$$

其实部 $R$ 称为阻抗的电阻分量,虚部 $X$ 称为阻抗的电抗分量,单位都是 $\Omega$。

用极坐标形式表示阻抗为

$$Z = |Z|\angle\varphi_Z \qquad (3-17)$$

式中,$|Z| = \sqrt{R^2 + X^2}$;$\varphi_Z = \arctan\dfrac{X}{R}$。

二者之间的关系可用一个三角形表示,如图 3 – 15(c)所示,此三角形称为阻抗三角形。

由阻抗的定义可知,如果该网络是由单一元件 $R$、$L$ 或 $C$ 组成,则对应的阻抗分别为

$$Z_R = R$$

$$Z_L = j\omega L = jX_L$$

$$Z_C = -j\frac{1}{\omega C} = -jX_C$$

**2. 导纳**

把阻抗 $Z$ 的倒数定义为导纳,用 $Y$ 表示,即

$$Y = \frac{1}{Z} = \frac{I\angle\dot{\psi}_i}{U\angle\dot{\psi}_u} = \frac{I}{U}\angle(\psi_i - \psi_u) = |Y|\angle\varphi_Y \qquad (3-18)$$

图 3 – 16(a)的等效电路如图 3 – 16(b)所示,导纳的单位为西门子(S)。导纳的模 $|Y|$ 称为导纳模,$\varphi_Y$ 是导纳的辐角,称为导纳角,其中 $|Y| = \frac{I}{U}$,$\varphi_Y = \psi_i - \psi_u$。

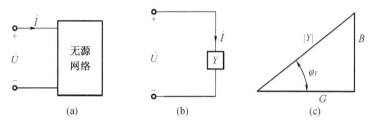

图 3 – 16　无源二端网络及其导纳

导纳 $Y$ 的代数形式为

$$Y = G + jB \qquad (3-19)$$

其实部 $G$ 称为导纳的电导分量,虚部 $B$ 称为导纳的电纳分量,单位都是西门子(S)。

导纳 $Y$ 的极坐标形式为

$$Y = |Y|\angle\varphi_Y \qquad (3-20)$$

式中,$|Y| = \sqrt{G^2 + B^2}$;$\varphi_Y = \arctan\frac{B}{G} = \psi_i - \psi_u$。

二者关系可用一个三角形表示,如图 3 – 16(c)所示。

由导纳的定义可知,如果该网络是由单一元件 $R$,$L$ 或 $C$ 组成,则对应的导纳分别为

$$Y_R = \frac{1}{R} = G$$

$$Y_L = \frac{1}{j\omega L} = -j\frac{1}{\omega L} = -jB_L$$

$$Y_C = j\omega C = jB_C$$

式中,$G$ 为电导;$B_L$ 为感纳;$B_C$ 为容纳。

### 3.4.2　用相量法分析 $R, L, C$ 串联电路

如图 3 – 17 所示,当电路两端加正弦交流电压时,电路中各元件将流过同一频率的正弦电流,同时各元件两端分别产生同一频率的电压,设参考方向如图 3 – 17 所示。

根据基尔霍夫电压定律得

$$u = u_R + u_L + u_C$$

用相量法可表示为

$$\dot{U} = \dot{U}_R + \dot{U}_L + \dot{U}_C = R\dot{I} + jX_L\dot{I} - jX_C\dot{I} = \dot{I}[R + j(X_L - X_C)]$$

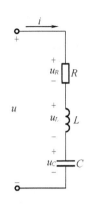

图 3 - 17　电路图

则可得 $R, L, C$ 串联电路中电压、电流相量关系为

$$\frac{\dot{U}}{\dot{I}} = [R + j(X_L - X_C)] = Z = |Z| \angle \varphi_Z \qquad (3-23)$$

式中, $|Z| = \sqrt{R^2 + (X_L - X_C)^2}$; $\varphi_Z = \arctan \dfrac{X_L - X_C}{R}$。

由以上可知:

(1) $R, L, C$ 串联电路中电压、电流大小关系为

$$\frac{U}{I} = |Z|$$

(2) $R, L, C$ 串联电路中相位关系为

$$\psi_u - \psi_i = \varphi_Z$$

(3) $R, L, C$ 串联电路中电压、电流相量关系为

$$\frac{\dot{U}}{\dot{I}} = Z$$

【例 3 - 8】　如图 3 - 17 所示,已知 $u = 220\sqrt{2}\sin(314t + 30°)$ V, $R = 30\ \Omega$, $L = 0.254$ H, $C = 80\ \mu\text{F}$。求:

(1) 电流 $i$ 和电压 $u_L, u_R, u_C$;

(2) 画出相量图;

(3) 有功功率、无功功率和视在功率。

**解**　(1) 由题意可知

$$\dot{U} = 220\angle 30°$$

$$X_L = \omega L = 314 \times 0.254 \approx 80\ \Omega$$

$$X_C = \frac{1}{\omega C} = \frac{1}{314 \times 80 \times 10^{-6}} \approx 40\ \Omega$$

$$Z = R + j(X_L - X_C) = 30 + j(80 - 40) = 30 + j40 = 50\angle 53.1°\ \Omega$$

由式 $\dfrac{\dot{U}}{\dot{I}} = Z$, 可得

$$\dot{I} = \frac{\dot{U}}{Z} = \frac{220 \angle 30°}{50 \angle 53.1°} = 4.4 \angle -23.1° \text{ A}$$

$$i = 4.4\sqrt{2}\sin(314t - 23.1°) \text{ A}$$

$$\dot{U}_R = R\dot{I} = 30 \times 4.4 \angle -23.1° = 132 \angle -23.1° \text{ V}$$

$$u_R = 132\sqrt{2}\sin(314t - 23.1°) \text{ V}$$

$$\dot{U}_L = jX_L\dot{I} = 80 \angle 90° \times 4.4 \angle -23.1° = 352 \angle 63.9° \text{ V}$$

$$u_L = 352\sqrt{2}\sin(314t + 63.9°) \text{ V}$$

$$\dot{U}_C = -jX_C\dot{I} = 40 \angle -90° \times 4.4 \angle -23.1° = 176 \angle -113.1° \text{ V}$$

$$u_C = 176\sqrt{2}\sin(314t - 113.1°) \text{ V}$$

（2）相量图如图 3-18 所示。

（3）有功功率 $P = UI\cos\varphi = 220 \times 4.4 \times \cos 53.1° = 580.8 \text{ W}$。

无功功率为 $Q = UI\sin\varphi = 220 \times 4.4 \times \sin 53.1° = 774.7 \text{ Var}$。

视在功率为 $S = UI = 220 \times 4.4 = 968 \text{ V·A}$。

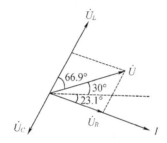

图 3-18　【例 3-8】相量图

### 3.4.3　用相量法分析 $R,L,C$ 并联电路

如图 3-19 所示,当电路两端加正弦交流电压时,电路中各元件将流过同一频率的正弦电流,设参考方向如图 3-19 所示。根据基尔霍夫电流定律得 $i = i_R + i_L + i_C$。

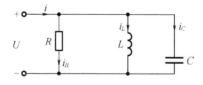

图 3-19　$R,L,C$ 并联电路图

用相量法可表示为

$$\dot{I} = \dot{I}_R + \dot{I}_L + \dot{I}_C = \frac{\dot{U}}{R} + \frac{\dot{U}}{j\omega L} + \frac{\dot{U}}{-I\frac{1}{\omega C}}$$

因为

$$\frac{1}{R} = G$$

$$\frac{1}{j\omega L} = -j\frac{1}{\omega L} = -jB_L$$

$$\frac{1}{-j\frac{1}{\omega C}} = j\omega C = jB_C$$

则可得 $R, L, C$ 并联电路中电压、电流相量关系为

$$\frac{\dot{I}}{\dot{U}} = [G + j(B_C - B_L)] = |Y| \angle \varphi_Y \qquad (3-22)$$

式中，$|Y| = \sqrt{G^2 + (B_C - B_L)^2}$；$\varphi_Y = \arctan \dfrac{B_C - B_L}{G}$。

由以上可知：

(1)$R, L, C$ 并联电路中电压电流大小关系为

$$\frac{I}{U} = |Y|$$

(2)$R, L, C$ 并联电路中相位关系为

$$\psi_i - \psi_u = \varphi_Y$$

(3)$R, L, C$ 串联电路中电压电流相量关系为

$$\frac{\dot{I}}{\dot{U}} = Y$$

【例 3-9】 如图 3-20 所示，正弦稳态电路中的 $R = 100 \ \Omega, L = 25 \ \text{mH}, C = 5 \ \mu\text{F}, \dot{U}_S = 10\angle 0° \ \text{V}$，角频率 $\omega = 4 \times 10^3 \ \text{rad/s}$，求电流 $\dot{I}_R, \dot{I}_C, \dot{I}_L$ 和 $\dot{I}$。

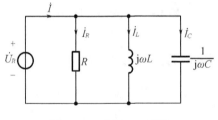

图 3-20 【例 3-9】图

解 (1)由题意已知

$$\dot{U}_S = 10\angle 0° \ \text{V}$$

$$B_L = \frac{1}{\omega L} = \frac{1}{4 \times 10^3 \times 2.5 \times 10^{-3}} = 0.01 \ \Omega$$

$$B_C = \omega C = 4 \times 10^3 \times 5 \times 10^{-6} = 0.02 \ \Omega$$

$$Y = G + j(B_C - B_L) = 0.01 + j(0.02 - 0.01) = 0.01\sqrt{2} \angle 45°$$

可得

$$\dot{I} = Y\dot{U}_S = 10\angle 0° \times 0.01\sqrt{2} \angle 45° = 0.1\sqrt{2} \angle 45° \ \text{A}$$

$$\dot{I}_R = G\dot{U}_S = 0.01 \times 10\angle 0° = 0.1\angle 0° \ \text{A}$$

$$\dot{I}_L = -jB_L\dot{U}_S = 0.01\angle -90° \times 10\angle 0° = 0.1\angle -90° \ \text{A}$$

$$\dot I_c = \mathrm{j}B_c\dot U_\mathrm{S} = 0.02\angle90°\times10\angle0° = 0.2\angle90°\ \mathrm{A}$$

### 3.4.4　复阻抗与复导纳的等值转换

对于不含独立电源的线性二端网络,可以等效为一个阻抗,也可以等效为一个导纳,如图 3 - 21 所示。阻抗和导纳互为倒数关系,即

$$Z = \frac{1}{Y} = |Z|\angle\varphi_Z = \frac{1}{|Y|\angle\varphi_Y} \tag{3-23}$$

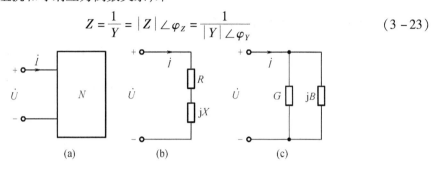

图 3 - 21　阻抗与导纳

由式(3 - 23)可知,阻抗与导纳的模和相位角的关系为

$$|Z| = \frac{1}{|Y|}$$

$$\varphi_Z = -\varphi_Y$$

若用代数形式表示,则

$$Z = R + \mathrm{j}X = \frac{1}{Y} = \frac{1}{G+\mathrm{j}B} = \frac{G}{G^2+B^2} - \mathrm{j}\frac{B}{G^2+B^2} \tag{3-24}$$

式中

$$R = \frac{G}{G^2+B^2}$$

$$X = -\frac{B}{G^2+B^2}$$

同理,将阻抗变换为导纳时

$$Y = G + \mathrm{j}B = \frac{1}{Z} = \frac{1}{R+\mathrm{j}X} = \frac{R}{R^2+X^2} - \mathrm{j}\frac{X}{R^2+X^2} \tag{3-25}$$

式中

$$G = \frac{R}{R^2+X^2}$$

$$B = -\frac{X}{R^2+X^2}$$

由此可知,一般情况下,阻抗中的电阻和导纳中的电导、阻抗中的电抗及导纳中的电纳都不是互为倒数关系。

# 3.5　正弦交流电路的功率

本节主要讨论正弦交流电路的瞬时功率、无功功率、视在功率、功率因数和复功率的概念和计算。

## 3.5.1　正弦交流电路的瞬时功率

如图 3－22(a)所示的一端口电路 $N$，其内部仅含电阻、电感和电容等无源元件。在正弦稳态情况下，设其端口电压为

$$u = U_m \sin(\omega t + \psi_u) = \sqrt{2}\, U \sin(\omega t + \psi_u)$$

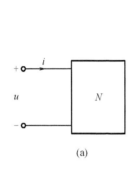

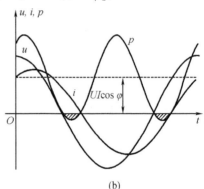

图 3－22　一端口电路的功率

其端口电流是同频率的正弦量，设为

$$i = I_m \sin(\omega t + \psi_i) = \sqrt{2}\, I \sin(\omega t + \psi_i)$$

则一端口电路 $N$ 在任一瞬间，所吸收的功率为

$$p = ui = \sqrt{2}\, U \sin(\omega t + \psi_u) \times \sqrt{2}\, I \sin(\omega t + \psi_i)$$
$$= UI \cos(\psi_u - \psi_i) + UI \cos(2\omega t + \psi_u + \psi_i)$$

我们把 $p$ 称为一端口电路 $N$ 的瞬时功率。若令电压和电流的相位差 $\varphi = \psi_u - \psi_i$，则得

$$p = UI \cos\varphi + UI \cos(2\omega t + \psi_u + \psi_i) \tag{3-26}$$

由式(3－26)可知，瞬时功率有两个分量：第一个为恒定分量，且恒大于零，表明电路 $N$ 吸收功率；第二个是角频率为 $2\omega$ 的正弦分量，它在一周期内正负交替变化两次，表明电路 $N$ 内部与外部间周期性地交换能量。如图 3－26 (b)所示为电压 $u$、电流 $i$ 和瞬时功率 $p$ 的波形。

瞬时功率是时间的正弦函数，使用不便，其实际意义也不大，为了简明地反映正弦稳态电路中的能量的消耗和交换的情况，主要讨论有功功率、无功功率、视在功率和复功率。

## 3.5.2　有功功率

有功功率是指瞬时功率在一个周期内的平均值，用 $P$ 表示，即

$$P = \frac{1}{T} \int_0^T U[\cos\varphi \times \cos(2\omega t + \psi_u + \psi_i)]\,\mathrm{d}t$$

$$= \frac{1}{T}\int_0^T U\cos\varphi\,\mathrm{d}t + \frac{1}{T}\int_0^T \cos(2\omega t + \psi_u + \psi_i)\,\mathrm{d}t$$

因为是在一个周期内积分,所以上式第二项积分为零,则得有功功率为

$$P = UI\cos\varphi \tag{3-27}$$

由式(3-27)可知,有功功率代表一端口实际消耗的功率。在正弦稳态的情况下,有功功率 $P$ 不仅与电压和电流的有效值有关,还与电压和电流的相位差 $\varphi$ 的余弦($\cos\varphi$)有关。有功功率的单位是 W。式(3-27)中 $\cos\varphi$ 称为功率因数,用 $\lambda$ 表示,即 $\lambda = \cos\varphi$。

### 3.5.3　无功功率

无功功率

$$Q = UI\sin\varphi \tag{3-28}$$

无功功率用来描述电路内部与外电路能量交换的最大幅度,它并不表示做功的情况,只是一个计算量,无功功率的单位是乏(Var)。因电路中不含独立源,所以 $\varphi$ 就是阻抗角。

如电路 $N$ 为纯电阻电路,则 $\varphi = 0$,有功功率 $P = UI = RI^2$;无功功率 $Q_R = 0$,表示纯电阻电路与外电路没有能量交换,为纯耗能电路。

如电路 $N$ 为纯电感电路,则 $\varphi = \pi/2$,有功功率 $P = 0$,无功功率 $Q_L = UI$;如电路 $N$ 为纯电容电路,则 $\varphi = -\pi/2$,有功功率 $P = 0$,无功功率 $Q_C = -UI$,表示电感和电容的有功功率都为零,它们不消耗能量,但与外界有能量交换。

### 3.5.4　视在功率

视在功率

$$S = UI \tag{3-29}$$

即视在功率等于端口电压和电流有效值的乘积,其单位为伏安(V·A)。

有功功率 $P$、无功功率 $Q$ 和视在功率 $S$ 之间存在下列关系,即

$$P = S\cos\varphi, \quad Q = S\sin\varphi$$

$$S = \sqrt{P^2 + Q^2}, \quad \varphi = \arctan\left(\frac{Q}{P}\right)$$

### 3.3.5　复功率

复功率

$$\tilde{S} = P + jQ$$

为了分析计算方便,将有功功率 $P$、无功功率 $Q$ 的关系用复功率描述,即

$$\tilde{S} = P + jQ = UI\cos\varphi + jUI\sin\varphi$$

$$= UI\angle\varphi = UI\angle(\psi_u - \psi_i) = U\angle\psi_u\,I\angle-\psi_i = \dot{U}\dot{I}^* \tag{3-30}$$

式中, $\dot{I}^*(I\angle-\psi_i)$ 为端口电流相量 $\dot{I}(I\angle\psi_i)$ 的共轭复数。复功率的单位为 V·A。

如果电路为无源电路,则

$$\tilde{S} = P + jQ = S\angle\varphi \tag{3-31}$$

由式(3-31)可知,视在功率 $S$ 是复功率的模,其辐角为电压和电流的相位差 $\varphi$。应注意,复功率只是为了计算方便,并不代表正弦量,也不反映任何能量关系。

可以证明,正弦稳态电路中总的有功功率是电路各部分有功功率的代数和,总的无功功率是电路各部分无功功率的代数和,即有功功率和无功功率都守恒。

【例 3 – 10】 如图 3 – 23 所示,求电源向电路提供的有功功率、无功功率、视在功率及功率因数。

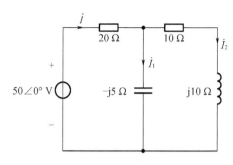

图 3 – 23 【例 3 – 10】图

**解** 首先求出从电源端看的等效阻抗,即

$$Z = 20 + \frac{(10 + j10)(-j5)}{10 + j10 - j5} = 22.8 \angle -13.26° \ \Omega$$

电流

$$\dot{I} = \frac{\dot{U}}{Z} = \frac{50 \angle 0°}{22.8 \angle -13.26°} = 2.19 \angle 13.26° \ A$$

**解法 1** 利用复功率计算。

$$\tilde{S} = \dot{U}\dot{I} = 50 \angle 0° \times 2.19 \angle -13.26° = 109.5 \angle -13.26° = (103.3 - j28.2) \ V \cdot A$$

有功功率                $P = 103.64 \ W$

无功功率                $Q = -28.82 \ Var$

视在功率                $S = 109.5 \ V \cdot A$

功率因数            $\cos \varphi = \cos(-13.26°) = 0.96$

**解法 2** 利用各功率定义计算功率。

有功功率      $P = UI\cos \varphi = 50 \times 2.19\cos(-13.26°) = 103.64 \ W$

无功功率      $Q = UI\sin \varphi = 50 \times 2.19\sin(-13.26°) = -28.82 \ Var$

视在功率      $S = UI = 50 \times 2.19 = 109.5 \ V \cdot A$

功率因数      $\cos \varphi = \cos(-13.26°) = 0.96$

# 3.6 功率因数的提高

### 3.6.1 功率因数提高的经济意义

$\cos \varphi$ 是电路的功率因数,由电路或负载的参数决定,对电阻负载(如白炽灯等)来说,电压和电流同相位,$\varphi = 0$,$\cos \varphi = 1$,大多数家用负载(如洗衣机、冰箱等)和工业负载(如电动机等)都呈现电感性,功率因数介于 0 和 1 之间。如功率因数低,就会存在下面两个问题。

1. 发电设备的容量不能得到充分利用

发电设备的容量指额定视在功率,即 $S_N = U_N I_N$,表示能向负载提供的最大功率。对于纯电阻负载,功率因数 $\cos\varphi$ 为 1,负载可消耗的有功功率 $P = U_N I_N \cos\varphi = S_N$,表示发电设备能将全部电能输送给负载。对于感性负载,功率因数($\cos\varphi$)小于 1,表示发电设备不能将全部电能输送给负载,其中一部分电能用于与电路进行能量交换,产生无功功率 $Q(Q = UI\sin\varphi)$ 了。例如,容量为 1 000 kV·A 的变压器,如 $\cos\varphi = 1$,能发出 1 000 kW 的有功功率;如 $\cos\varphi = 0.6$,只能发出 600 kW 的有功功率。可见,负载的功率因数越低,发电设备的容量越不能得到充分的利用。

2. 增加线路的功率损耗

线路上的功率损耗为

$$\Delta P = rI^2 = \frac{rP^2}{U^2 \cos^2\varphi}$$

设供电线路的总电阻为 $r$,当发电设备输出的电压 $U$ 和有功功率 $P$ 一定时,如功率因数 $\cos\varphi$ 越小,线路上的损耗 $\Delta P$ 就越大,能量浪费得就越多。

### 3.6.2　功率因数提高的方法

常把电力电容并联在感性负载的两端来提高功率因数,如图 3-24(a)所示,相量图如图 3-24(b)所示。并联电容前,总电流 $i = i_L$,并联电容后,根据平行四边形法则做减法,可看出端电压 $u$ 和总电流 $i$ 之间的相位角 $\varphi$ 变小了,即 $\cos\varphi$ 变大了。并联的电容值可推导出

$$C = \frac{P}{\omega U^2}(\tan\varphi_L - \tan\varphi)$$

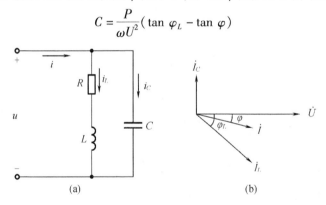

**图 3-24　电感性负载并联电容器提高功率因数**
(a)电路图;(b)相量图

【例 3-11】　功率为 1 kW 的感性负载,功率因数为 0.6,接在频率为 50 Hz,$U = 220$ V 的电源上。求:

(1)如将功率因数提到 0.95,与负载并联的电容值多大?

(2)如将功率因数由 0.95 提高到 1,还需要并联多大的电容?

**解**

(1)由题可知 $\cos\varphi_L = 0.6$,即 $\varphi_L = 53°$;$\cos\varphi = 0.95$,即 $\varphi = 18°$。负载并联的电容值为

$$C = \frac{P}{\omega U^2}(\tan\varphi_L - \tan\varphi) = \frac{1 \times 10^3}{2\pi \times 50 \times 220^2}(\tan 53° - \tan 18°) = 63.6 \ \mu F$$

（2）如将功率因数由 0.95 提高到 1，需并联的电容值为

$$C = \frac{P}{\omega U^2}(\tan\varphi_L - \tan\varphi) = \frac{1 \times 10^3}{2\pi \times 50 \times 220^2}(\tan 18° - \tan 0°) = 21.36\ \mu F$$

# 3.7　电路的谐振状态

### 3.7.1　谐振

在 $R,L,C$ 电路中，电源电压与总电流一般不同相，如调节电路参数或电源频率，使它们同相，这时电路中就发生了谐振现象。谐振电路有良好的选频特性，所以在通信与电子技术中得到广泛应用。但由于发生谐振时，电容和电感元件的端电压会远远高于电源电压，会造成设备损坏或系统故障，所以在电力系统中要尽量避免发生谐振。

### 3.7.2　串联谐振

串联谐振的电路图如图 3 – 25 所示。

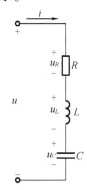

图 3 – 25　串联谐振电路

$$Z = R + j(X_L - X_C) = R + j\left(\omega L - \frac{1}{\omega C}\right)$$

当 $X_L = X_C$ 时，电源电压与总电流同相，即发生谐振现象。因为发生在串联电路中，所以叫串联谐振。发生串联谐振的条件是 $X_L = X_C$，即 $2\pi f L = \frac{1}{2\pi f C}$，此时电路的频率称为谐振频率，用 $f_0$ 表示。当电源频率与电路参数满足 $f = f_0 = \frac{1}{2\pi \sqrt{LC}}$ 关系时发生串联谐振。由此可知，可通过改变电源频率和电路参数来实现谐振。电路发生串联谐振时具有以下特征：

（1）电路的阻抗模 $|Z| = |Z_0| = \sqrt{R^2 + (X_L - X_C)^2} = R$，其值最小，在电源电压 $U$ 不变的情况下，电路中的电流将达到最大，即

$$I = I_0 = \frac{U}{|Z|} = R$$

图 3 – 26 为阻抗模与电流随频率变化的曲线。

（2）因为 $X_L = X_C$ 时发生谐振，所以谐振时电路对电源呈现纯电阻性。电源供给的电能全被电阻消耗，电源与电路间没有能量交换，能量交换只发生在电感与电容之间。

（3）因为 $X_L = X_C$，所以 $U_L = U_C$，而 $\dot{U}_L$ 和 $\dot{U}_C$ 相位相反，所以互相抵消，对整个电路不起作用，因此电源电压 $\dot{U} = \dot{U}_R$（图 3-27），但 $U_L$ 和 $U_C$ 的单独作用不能忽略，当 $X_L = X_C > R$ 时，$U_L$ 和 $U_C$ 都高于电源电压，甚至可能超过许多倍，因此串联谐振又称为高电压谐振，在电力系统中要尽量避免。

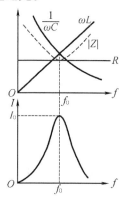

图 3-26　阻抗模与电流随频率变化曲线　　　　图 3-27　谐振时的相量图

（4）品质因数为

$$Q = \frac{U_L}{U} = \frac{U_C}{U} = \frac{1}{\omega_0 CR} = \frac{\omega_0 L}{R}$$

品质因数 $Q$ 是 $U_L$ 或 $U_C$ 与端电压的比值，表示在谐振时电感或电容元件上的电压是电源电压的 $Q$ 倍。如 $Q = 40$，$U = 10\ \text{V}$，则在谐振时电感或电容元件上的电压就高达 400 V。

【例 3-12】　如图 3-28 所示，在频率 $f = 500\ \text{Hz}$ 时发生谐振，谐振时，$I = 0.2\ \text{A}$，容抗 $X_C = 314\ \Omega$，品质因数 $Q = 20$。

（1）求 $R,L,C$ 的值。

（2）若电源频率 $f = 250\ \text{Hz}$，求则此时的电流 $I$。

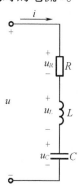

图 3-28　【例 3-12】图

**解**　（1）当 $X_L = X_C$ 时，发生谐振，由题意可知 $X_C = 314\ \Omega$，所以 $X_L = 314\ \Omega$，所以可求得

$$L = \frac{X_L}{2\pi f} = \frac{314}{2 \times 3.14 \times 500} = 0.1\ \text{H}$$

$$C = \frac{1}{2\pi f X_C} = \frac{1}{2 \times 3.14 \times 500 \times 314} \approx 1\ \mu\text{F}$$

因为

$$Q = \frac{U_L}{U} = \frac{U_C}{U} = \frac{1}{\omega_0 CR} = \frac{\omega_0 L}{R}$$

所以

$$R = \frac{\omega_0 L}{Q} = \frac{314}{20} = 15.7 \ \Omega$$

电源电压为

$$U = \frac{U_L}{Q} = \frac{X_L I}{Q} = 3.14 \ \text{V}$$

（2） $$X_L = \omega L = 2\pi f L = 2 \times 3.14 \times 250 \times 0.1 = 157 \ \Omega$$

$$X_C = \frac{1}{\omega C} = \frac{1}{2\pi f C} = \frac{1}{2 \times 3.14 \times 250 \times 10^{-6}} = 637 \ \Omega$$

$$Z = R + j(X_L - X_C) = 13.7 + j(157 - 637) = 480.2 \angle 88.4° \ \Omega$$

$$I = \frac{U}{|Z|} = \frac{3.14}{480.2} = 6.5 \ \text{mA}$$

### 3.7.3 并联谐振

并联谐振的电路图如图 3-29 所示。

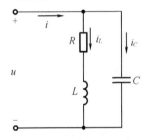

图 3-29 并联谐振电路

$$Z = \frac{(R + j\omega L)\frac{1}{j\omega C}}{(R + j\omega L) + \frac{1}{j\omega C}} = \frac{R + j\omega L}{1 + j\omega RC - \omega^2 LC}$$

通常 $R$ 很小，一般在谐振时 $\omega L \gg R$，则

$$Z = \frac{R + j\omega L}{1 + j\omega RC - \omega^2 LC} \approx \frac{1}{\frac{RC}{L} + j(\omega C - \frac{1}{\omega L})}$$

当 $\omega C = \frac{1}{\omega L}$ 时，即 $\omega = \omega_0 = \frac{1}{\sqrt{LC}}$，$f = f_0 = \frac{1}{2\pi} \frac{1}{\sqrt{LC}}$，即发生了谐振，因发生在并联电路中，所以称为并联谐振。电路发生并联谐振时具有以下特征：

（1）电路的阻抗模为 $|Z| = |Z_0| = \frac{1}{\frac{RC}{L}} = \frac{L}{RC}$，其值最大，在电源电压 $U$ 不变的情况下，电路中的总电流将达到最小值，即

$$I = I_0 = \frac{U}{|Z_0|} = \frac{U}{\dfrac{L}{RC}}$$

（2）因为 $\omega C = \dfrac{1}{\omega L}$ 时发生谐振，所以谐振时电路对电源呈现纯电阻性，$|Z_0|$ 相当于一个电阻。

（3）谐振时各并联支路的电流为

$$I_L = \frac{U}{\sqrt{R^2 + (\omega_0 L)^2}} \approx \frac{U}{\omega_0 L}$$

$$I_C = \frac{U}{\dfrac{1}{\omega_0 C}}$$

因为 $\omega_0 C = \dfrac{1}{\omega_0 L}$ 时发生谐振，所以 $I_L = I_C \gg I_0$，并联谐振时，电感支路和电容支路的电流比总电流大许多倍。

（4）品质因数为

$$Q = \frac{I_L}{I} = \frac{I_C}{I} = \frac{1}{\omega_0 CR} = \frac{\omega_0 L}{R}$$

品质因数 $Q$ 是 $I_L$ 或 $I_C$ 与总电流的比值，表示在谐振时电感或电容元件支路上电流是总电流的 $Q$ 倍。

**【重点串联】**

1. 正弦量 $i = I_m \cos(\omega t + \psi_i)$（以正弦电流为例），三要素分别为幅值 $I_m$、角频率 $\omega$ 和初相位 $\psi_i$，可以用相量表示为 $\dot{I} = \dfrac{I_m}{\sqrt{2}} \angle \psi_i$（有效值相量）。

2. 正弦交流电路中电阻元件电压与电流大小关系为 $\dfrac{U}{I} = R$，相量关系为 $\dfrac{\dot{U}}{\dot{I}} = R$；正弦交流电路中电感元件电压与电流大小关系为 $\dfrac{U}{I} = \omega L$，相量关系为 $\dfrac{\dot{U}}{\dot{I}} = j\omega L = jX_L$；正弦交流电路中电容元件电压与电流大小关系为 $\dfrac{U}{I} = \dfrac{1}{\omega C}$，相量关系为 $\dfrac{\dot{U}}{\dot{I}} = -j\dfrac{1}{\omega C} = -jX_C$；正弦交流电路中 $R, L, C$ 串联电路电压与电流大小关系为 $\dfrac{U}{I} = |Z|$，相量关系为 $\dfrac{\dot{U}}{\dot{I}} = Z$，$R, L, C$ 并联电路中电压与电流大小关系为 $\dfrac{I}{U} = |Y|$，相量关系为 $\dfrac{\dot{I}}{\dot{U}} = Y$。

3. 正弦交流电路的功率：有功功率 $P = UI\cos\varphi$，无功功率 $Q = UI\sin\varphi$，视在功率 $S = UI$，复功率 $\tilde{S} = P + jQ = S \angle \varphi$。

4. $\cos\varphi$ 是电路的功率因数，常把电力电容并联在感性负载的两端来提高功率因数，并联的电容值为 $C = \dfrac{P}{\omega U^2}(\tan\varphi_L - \tan\varphi)$。

5. 当电源频率与电路参数满足 $f = f_0 = \dfrac{1}{2\pi\sqrt{LC}}$ 关系时发生串联谐振。

# 习 题 3

## 一、填空题

1. 正弦电流 $i_1 = 40\sin(2\pi t - 30°)$ 的幅值为_____，角频率为_____，初相位为_____，周期为_____。

2. 写出 $u = 5\sqrt{2}\sin(30t - 120°)$ 的相量形式_____。

3. 设角频率为 $\omega$，写出 $\dot{I} = (3 + j3)$ 代表的正弦量_____。

4. 已知 $L = 100$ mH，$C = 5$ μF，接到 $u = 4\sin(3\omega t)$ V 的信号源上，$\omega = 4 \times 10^3$ rad/s，则电感的感抗为_____，电容的容抗为_____。

5. $f = 50$ Hz，初相位为零，幅值为 3 mV 的正弦电压，加到某电容两端，其稳态电流的幅值为 100 μA，电容 $C$ 为_____。

6. 如图 3 - 30 所示的电路，$i_S = 6\sin(\omega t + 60°)$ mA，$\omega = 3 \times 10^2$ rad/s，$R_1 = 10\ \Omega$，$R_2 = 20\ \Omega$，$L = 0.1$ H，则电压瞬时值表达式为_____。

7. 如图 3 - 31 所示，电流表 Ⓐ₀ 的读数为_____。

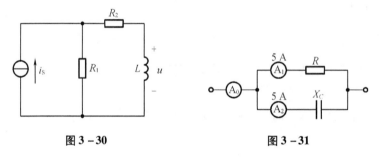

图 3 - 30          图 3 - 31

8. 如图 3 - 32 所示，电路的等效阻抗为_____。

9. 如图 3 - 33 所示。已知电流 $\dot{I}_1 = 2\angle 45°$ A，$\dot{I}_2 = 10\angle 45°$ A，电压 $\dot{U} = 10\sqrt{2}\angle 0°$。则 $R_1$ 为_____ Ω，$X_L$ 为_____。

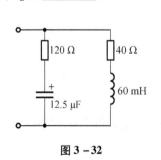

图 3 - 32

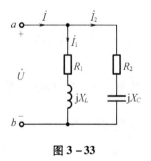

图 3 - 33

10. 品质因数越_____，电路的_____性越好，但不能无限制地加大品质因数，否则将造成_____变窄，致使接受信号产生失真。

## 二、选择题

1. 正弦电压 $u = 30\sin(\frac{\pi}{6}t - 18°)$ 的频率为＿＿＿＿＿。

A. $\frac{\pi}{6}$

B. $\frac{1}{3}$

C. $\frac{1}{12}$

D. $18°$

2. 正弦电流 $i = -8\sqrt{2}\sin(5t - 90°)$ 的相量形式为＿＿＿＿＿。

A. $\dot{I} = 8\sqrt{2}\angle -90°$

B. $\dot{I} = 8\angle -90°$

C. $\dot{I} = 8\sqrt{2}\angle 90°$

D. $\dot{I} = 8\angle 90°$

3. 设角频率为 $\omega$，写出 $\dot{U} = -10 - j10$ 代表的正弦量＿＿＿＿＿。

A. $\dot{U} = 10\sqrt{2}\angle 45°$

B. $\dot{U} = 10\angle 45°$

C. $\dot{U} = 10\sqrt{2}\angle -45°$

D. $\dot{U} = 10\angle -45°$

4. 已知 $L = 100$ mH，接到 $u = 16\sqrt{2}\sin(\omega t)$ V 的信号源上，$\omega = 4\times10^3$ rad/s，则电感上正弦稳态电流为＿＿＿＿＿。

A. $\dot{U} = 0.04\angle -90°$

B. $\dot{U} = 0.04\sqrt{2}\angle 90°$

C. $\dot{U} = 0.04\sqrt{2}\angle -90°$

D. $\dot{U} = 0.04\angle 90°$

5. $\omega = 10^3$ rad/s，初相位为 $90°$，幅值为 10 mV 正弦电压，加到某电感两端，其稳态电流的幅值为 100 μA，则电感 $L$ 为＿＿＿＿＿ H。

A. 0. 1

B. 1

C. 10

D. 100

6. 如图 3 - 34 所示，$R_1 = 10$ Ω，$C = 20$ μF，$L = 0.1$ H，$\omega = 10^2$ rad/s，判别电压 $u$＿＿＿＿＿＿电流 $i_s$。

A. 超前

B. 滞后

C. 同相

D. 反相

7. 如题图 3 - 35 所示，电压表 $V_0$ 的读数为＿＿＿＿＿ V。

A. 4

B. 80

C. 10

D. 16

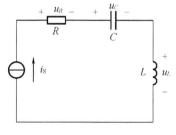

图 3 - 34

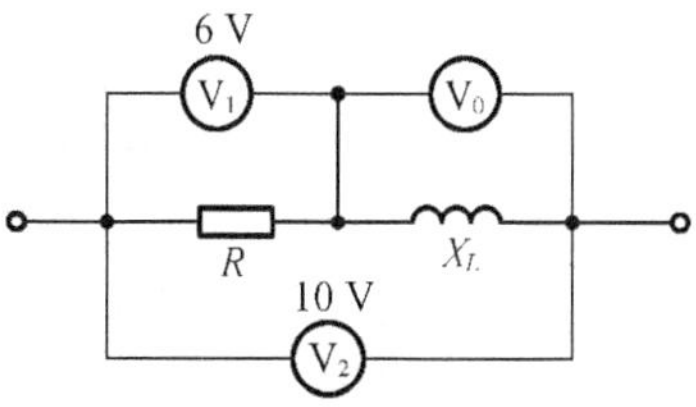

图 3 - 35

8. 如图 3 - 36 所示，电路的等效阻抗＿＿＿＿＿。

A. $Z_{ab} = (150 + j100)$ Ω

B. $Z_{ab} = (100 + j150)$ Ω

C. $Z_{ab} = (150 + j100)$ Ω

D. $Z_{ab} = (100 + j150)$ Ω

9. 如图 3 – 37 所示,已知电流 $\dot{I}_C = 3\angle 0°$ A,则总电流为 _____ A。

A. 3 – j4             B. 3 + j4

C. 4 + j3             D. 4 – j3

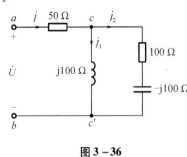
图 3 – 36

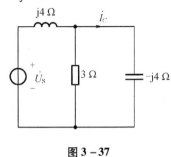
图 3 – 37

10. 两互感线圈顺向串联时,其等效电感量 $L_{顺}$ = _____ 。

A. $L_1 + L_2 - 2M$             B. $L_1 + L_2 + M$

C. $L_1 + L_2 = 2M$

## 三、计算题

1. 如图 3 – 38 所示,若其端口电压和电流为下列函数,求电路 N 的阻抗,电路 N 吸收的有功功率、无功功率和视在功率。

$$u = 10\sin\cos(10^3 t + 20°) \text{ V}, i = 0.1\sin(10^3 t - 10°) \text{ A}$$

2. 如图 3 – 39 所示电路,利用复功率计算:(1)各元件吸收的功率;(2)电源供给的功率。

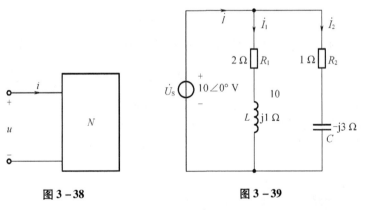

图 3 – 38                    图 3 – 39

3. 如图 3 – 40 所示,已知 $\dot{I}_S = 2\angle 0°$ A,$\dot{U}_S = 6\angle 90°$,列出求解电流 $\dot{I}_1$,$\dot{I}_2$ 的方程。

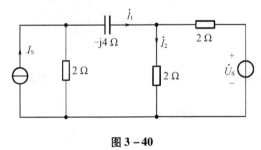

图 3 – 40

# 习题 3 参考答案

## 一、填空题

1. $40, 2\pi, -30°, 1$　　2. $\dot{U} = 5 \angle -120°$　　3. $i = 6\sin(\omega t + 45°)$　　4. $400, 50$

5. $1.06 \times 10^{-4}$　　6. $u = 30\sqrt{2}\sin(\omega t + 105°)$　　7. $14.14$　　8. $(80 + j40)\,\Omega$　　9. $5, 5$

## 二、选择题

1. C　2. D　3. A　4. C　5. A　6. B　7. B　8. A　9. A

# 第4章　三相正弦交流电路

## 【本章要点】

三相电源是三个幅值相同、频率相同、相位互差120°的正弦电压源按一定方式连接而成的,由三相电源供电的电路称为三相电路。三相电路在生产中应用广泛,发电厂用三相交流发电机产生电能,输电和配电一般用三相电路。工农业生产上主要用电负载时三相交流电动机,它是由三相电源供电的。

本章介绍三相电源、三相电路的组成,电压和电流之间的相量关系,对称三相电路的计算和三相电路的功率及测量。通过本章的学习掌握对称三相电路的分析方法。

## 4.1　三相电源

### 4.1.1　三相对称电源

三相电源通常是指由三相发电机产生的三相对称电源,即三个频率相同、振幅相等、相位彼此相差120°的正弦交流电压源,如图4-1(a)所示为发电机示意图,由定子和转子组成。定子是由空间相差120°的 $AX,BY,CZ$($A,B,C$ 为首端,$X,Y,Z$ 为尾端)的三相绕组构成,分别称为 $A$ 相、$B$ 相、$C$ 相。当转子转动时,会在定子绕组中产生感应电动势 $u_A,u_B,u_C$,如图4-1(b)所示。它们是三个随时间按正弦规律变化的交流电压,其频率相同、振幅相同、相位彼此相差120°。

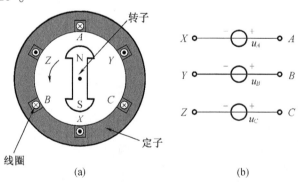

图4-1　发电机示意图

若以 $A$ 相为参考正弦量,则三相电压的瞬时值表达式为

$$\begin{cases} u_A = U_{\text{Pm}}\sin \omega t = \sqrt{2}\,U_{\text{P}}\sin \omega t \\ u_B = U_{\text{Pm}}\sin(\omega t - 120°) = \sqrt{2}\,U_{\text{P}}\sin(\omega t - 120°) \\ u_C = U_{\text{Pm}}\sin(\omega t + 120°) = \sqrt{2}\,U_{\text{P}}\sin(\omega t + 120°) \end{cases} \quad (4-1)$$

相位的先后次序称为相序。式(4-1)表明,$A$ 相超前 $B$ 相,$B$ 相超前 $C$ 相,一般工程上称 $A{\rightarrow}B{\rightarrow}C$ 顺时针相序为正序;反之,$C$ 超前 $B$ 相,$B$ 相超前 $A$ 相,则称为负序。本章介绍的三相电源均为正序,其波形如图 4-2(a)所示。三相电压对应的相量形式分别是

$$\begin{cases} \dot{U}_A = U_P \angle 0° \\ \dot{U}_B = U_P \angle -120° \\ \dot{U}_C = U_P \angle 120° \end{cases} \tag{4-2}$$

式中,$U_P$ 为相电压的有效值,其相量图如图 4-2(b)所示。

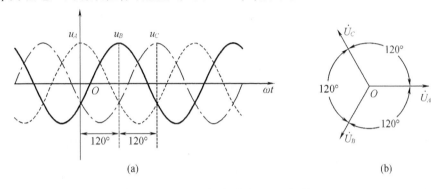

(a)　　　　　　　　　　　　　　　　(b)

**图 4-2　对称三相电源波形图和相量图**

(a)波形图;(b)相量图

三相电压之和满足

$$\begin{cases} u_A + u_B + u_C = 0 \\ \dot{U}_A + \dot{U}_B + \dot{U}_C = 0 \end{cases} \tag{4-3}$$

### 4.1.2　三相电源的连接

在实际的使用中,对称三相电源有两种基本连接方式,分别是星形(Y)和三角形(△)。

1. 三相电源的星形连接

如图 4-3 所示电路为三相电源星形连接方式,三相绕组的末端 $X,Y,Z$ 接到一起的公共点 $N$ 为中性点,引出线即为中线或零线。三相绕组的首端 $A,B,C$ 分别作为三相电源输出,引出线称为相线或端线,俗称为火线。

三相电源的星形连接中,每一相与中线之间的电压 $\dot{U}_2$(也可用 $\dot{U}_{AN}, \dot{U}_{BN}, \dot{U}_{CN}$ 表示)称为相电压。任意两个相线之间的电压 $\dot{U}_{AB}, \dot{U}_{BC}, \dot{U}_{CA}$ 称为线电压。相电压和线电压的相量关系为

$$\begin{cases} \dot{U}_{AB} = \dot{U}_A - \dot{U}_B \\ \dot{U}_{BC} = \dot{U}_B - \dot{U}_C \\ \dot{U}_{CA} = \dot{U}_C - \dot{U}_A \end{cases} \tag{4-4}$$

星形连接相电压和线电压的相量图如图 4-4 所示。由图 4-4 可见,对称三相电源星形连接时,线电压有效值是相应相电压有效值的 $\sqrt{3}$ 倍,线电压的相位超前相应的相电压 30°。

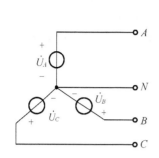

图 4-3 三相电源的星形连接

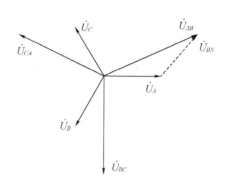

图 4-4 星形连接相电压和线电压相量图

$$\begin{cases} \dot{U}_{AB} = \sqrt{3}\,\dot{U}_A \angle 30° \\ \dot{U}_{BC} = \sqrt{3}\,\dot{U}_B \angle 30° \\ \dot{U}_{CA} = \sqrt{3}\,\dot{U}_C \angle 30° \end{cases} \qquad (4-5)$$

若三相电源的相电压用 $\dot{U}_P$ 表示,线电压用 $\dot{U}_L$ 表示,则相电压和线电压可以表示为

$$\dot{U}_L = \sqrt{3}\,\dot{U}_P \angle 30° \qquad (4-6)$$

星形连接方式中,若相电压为 220 V,则线电压为 $220\sqrt{3} = 380$ V。

星形连接时三条相线引出三条线,就采用三相三线制供电方式;如果引出四条线(三条相线和一条中线),则采用的是三相四线制供电方式。

【例 4-1】 三个电动势为 $e_{12} = 100\sqrt{2}\sin(\omega t + 10°)$ V,$e_{34} = 100\sqrt{2}\sin(\omega t + 70°)$ V,$e_{56} = 100\sqrt{2}\sin(\omega t - 50°)$ V,它们是否能构成三相对称电动势? 若不能,请说明理由;若能,画出相量图并将它接成星型连接的三相电源,并求相电压 $U_P$ 和线电压 $U_L$。

**解** $\dot{E}_{12}$,$\dot{E}_{34}$,$\dot{E}_{56}$ 的相量图如图 4-5 所示,当将 $e_{12}$ 的首、末端互换,则 $e_{21} = 100\sqrt{2}\sin(\omega t - 170°)$ V,将电源的 2,3,5 作为三个首端,1,4,6 作为三个末端,三个电动势为

$$e_{21} = 100\sqrt{2}\sin(\omega t - 170°) \text{ V}$$

$$e_{34} = 100\sqrt{2}\sin(\omega t + 70°) \text{ V}$$

$$e_{56} = 100\sqrt{2}\sin(\omega t - 50°) \text{ V}$$

这三个电动势幅值相等,频率相同,相位相差 120°,构成三相对称电动势。它们的星形连接的三相电源如图 4-6 所示。该电源 $U_P = 100$ V,$U_L = \sqrt{3}\,U_P = 173$ V。

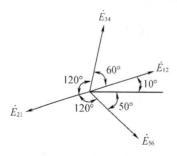

图 4-5 三个电动势的相量图

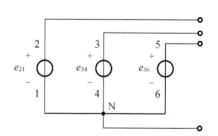

图 4-6 星型连接的三相电源

在三相电源中,只要知道某相电压或线电压的正弦量表达式,即可确定全部的正弦相、线电压。

**【例 4 - 2】** 已知某三相对称电源的 $u_B = 220\sqrt{2}\sin(\omega t + 150°)$ V,求 $u_A$, $u_C$, $u_{AB}$, $u_{BC}$, $u_{CA}$,并画出相量图。

**解** 本书采用正序,故

$$u_A = 220\sqrt{2}\sin(\omega t - 90°) \text{ V}, u_C = 220\sqrt{2}\sin(\omega t + 30°) \text{ V}$$

由于 $U_L = \sqrt{3}U_P = 380$ V,且 $U_L$ 超对应的 $U_P 30°$,固有

$$u_{AB} = 380\sqrt{2}\sin(\omega t - 60°) \text{ V}$$

$$u_{BC} = 380\sqrt{2}\sin(\omega t - 180°) \text{ V}$$

$$u_{CA} = 380\sqrt{2}\sin(\omega t + 60°) \text{ V}$$

相量图如图 4 - 7 所示。

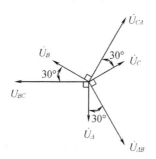

图 4 - 7 【例 4 - 2】的相量图

**2. 三相电源的三角形连接**

三相电源的三角形连接如图 4 - 8 所示,三相绕组的首尾相接,连成一个闭合三角形,从三个连接点引出三根线,其相电压即为线电压。

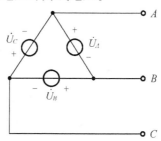

图 4 - 8 三相电源的三角形连接

$$\dot{U}_{AB} = \dot{U}_A, \quad \dot{U}_{BC} = \dot{U}_B, \quad \dot{U}_{CA} = \dot{U}_C$$

即

$$\dot{U}_P = \dot{U}_L$$

必须强调,对称三相电源如果采用三角形连接方式,一定要依次顺序首尾相接。因为三角形正确连接时,$\dot{U}_A + \dot{U}_B + \dot{U}_C = 0$,电源内部无环流。若有一项接反,则内部将形成极大的短路电流,导致设备的损坏。在实际的应用中,三相电源一般不采用三角形接法。

## 4.2 三相负载的连接及其电压和电流关系

三相电路中的负载也是三相的,即由三个负载阻抗组成,称为三相负载。如果三相负载的复阻抗相同,则称该三相负载为对称三相负载,如工业中的三相发电机、三相变压器等;否则为不对称的三相负载,如居民用电。三相负载的连接方式也可以分为星形和三角形连接两种。

### 4.2.1 三相负载星形连接

星形连接的三相负载电路如图 4 – 9 所示,三个负载 $Z_A$,$Z_B$,$Z_C$ 连接到一个公共点 $N'$ 上,构成了星形连接的三相负载,$N'$ 为负载中性点。

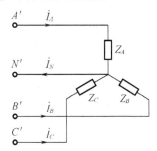

**图 4 – 9　星形连接的三相负载电路**

星形连接的三相负载和三相电源构成三相电路可以接成 Y – Y 连接方式,也可以接成 △ – Y 连接方式。如图 4 – 10 所示电路为典型的 Y – Y 连接方式的三相电路,该电路采用的是三相四线制。

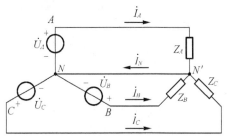

**图 4 – 10　Y – Y 连接三相电路**

三相四线制接法中,如果中线接地常被称为地线。各相负载中的电流 $\dot{I}'_A$,$\dot{I}'_B$,$\dot{I}'_C$ 称为相电流,其有效值用 $I_P$ 表示。端线上的电流 $\dot{I}_A$,$\dot{I}_B$,$\dot{I}_C$ 称为线电流,其有效值用 $I_L$ 表示。其中,相电流等于相应线电流,即 $I_P = I_L$。

不难看出,星形连接三相对称负载的线电流是对称的,因此,中线电流为零,即

$$\dot{I}_N = \dot{I}_A + \dot{I}_B + \dot{I}_C = 0$$

那么,中线是可以去掉的,没有中线的 Y – Y 三相电路为三相三线制电路。但应注意,当负载不对称时,中线不能随意去掉。

三相对称负载的线电压等于相应两相电压之差,即

$$\begin{cases} \dot{U}_{C'A'} = \dot{U}_{C'} - \dot{U}_{A'} \\ \dot{U}'_{A'B'} = \dot{U}_{A'} - \dot{U}_{B'} \\ \dot{U}'_{B'C'} = \dot{U}_{B'} - \dot{U}_{C'} \end{cases} \qquad (4-7)$$

由 4.1 节对星形对称电源的分析可知,三相对称负载的线电压和相电压的对应关系为

$$\begin{cases} \dot{U}_{A'B'} = \sqrt{3}\,\dot{U}_{A'} \angle 30° \\ \dot{U}_{B'C'} = \sqrt{3}\,\dot{U}_{B'} \angle 30° \\ \dot{U}_{C'A'} = \sqrt{3}\,\dot{U}_{C'} \angle 30° \end{cases} \qquad (4-8)$$

也可以表示为

$$\dot{U}_{\mathrm{L}} = \sqrt{3}\,\dot{U}_{\mathrm{P}} \qquad (4-9)$$

可以看出无论是星形对称电源,还是星形对称负载,其电压和电流关系都是相同的。

**【例 4-3】**　在对称星形负载电路中,已知负载的线电流 $\dot{I}_A = 10\angle 45°$ A,负载的线电压 $\dot{U}_{AB} = 380\angle 120°$ V,试求此负载每相阻抗。

**解**　在对称星形负载电路中,每相负载的阻抗都相等,因此只要求出任一相阻抗即可。根据对称星形连接相电压与线电压的关系和已知条件,可以求出 $A$ 相相电压。

$$\dot{U} = \frac{\dot{U}_{AB}}{\sqrt{3}\angle} = \frac{380\angle 120°}{\sqrt{3}\angle 30°} = 220\angle 90°\ \mathrm{V}$$

$$Z = \frac{\dot{U}_A}{\dot{I}_A} = \frac{220\angle 90°}{10\angle 45°} = 22\angle 45°\ \Omega$$

### 4.2.2　三相负载三角形连接

三角形连接的负载电路如图 4-11 所示,三个负载 $Z_A, Z_B, Z_C$ 首尾相接,构成了三角形连接的三相负载,在三角形连接中没有中性点和中性线,因此,只能接成三相三线制电路。

三角形连接的三相负载和三相电源可以接成 $\triangle-Y$ 和 $\triangle-\triangle$ 连接方式。图 4-12 为 $\triangle-\triangle$ 连接方式的三相电路,此方式只能是三相三线制。

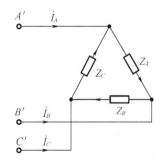

**图 4-11　三角形连接的负载电路**

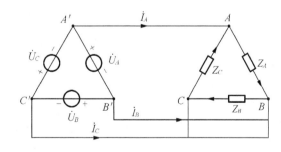

**图 4-12　$\triangle-\triangle$ 连接方式的三相电路**

在三角形连接中,负载的线电压就是其相电压,即

$$U_{\mathrm{L}} = U_{\mathrm{P}} \qquad (4-10)$$

根据 KCL 定律,如图 4-12 所示参考方向下,相电流表示为 $\dot{I}_{AB}, \dot{I}_{BC}, \dot{I}_{CA}$,线电流和相

电流的相量关系表达式为

$$\begin{cases} \dot{I}_A = \dot{I}_{AB} - \dot{I}_{CA} \\ \dot{I}_B = \dot{I}_{BC} - \dot{I}_{AB} \\ \dot{I}_C = \dot{I}_{CA} - \dot{I}_{BC} \end{cases} \tag{4-11}$$

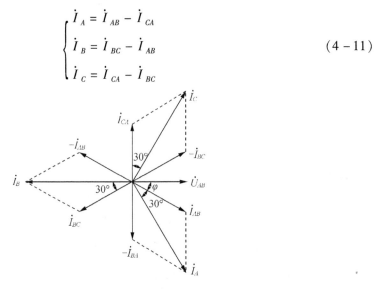

**图 4 - 13　对称△ - △连接电流相量图**

根据式(4-11),可以画出对称三角形连接方式下负载相电流和线电流的相量图,如图 4-13 所示。

由图 4-13 可知,在三角形对称负载电路中,线电流的有效值等于相电流有效值的 $\sqrt{3}$ 倍,线电流在相位滞后于相应相电流30°,即

$$\dot{I}_A = \sqrt{3}\,\dot{I}_{AB} \angle -30°$$

$$\dot{I}_B = \sqrt{3}\,\dot{I}_{BC} \angle -30°$$

$$\dot{I}_C = \sqrt{3}\,\dot{I}_{CA} \angle -30°$$

其有效值的关系也可以表示为

$$I_L = \sqrt{3}\,I_P \tag{4-12}$$

从上面分析可以看出,三角形连接的对称三相电源和对称三相负载,相电流和线电流关系都满足式(4-12)。在三相电路中,三相电源接成星形还是三角形与负载接成哪种方式无关,实际工程中,要根据具体要求确定其连接方式。

**【例 4-4】**　对称△负载的线电压为 $\dot{U}_{AB} = 380 \angle 0°$ V,每相负载阻抗为 $Z = 5 \angle 53.1°$ Ω,求线电流 $\dot{I}_B$。

**解**　因对称三角形连接,由于线电压即为相电压,因此

$$\dot{I}_{AB} = \frac{\dot{U}_{AB}}{Z} = \frac{380 \angle 0°\ \text{V}}{5 \angle 53.1°\ \Omega} = 76 \angle -53.1°\ \text{A}$$

$$\dot{I}_{BC} = \dot{I}_{AB} \angle -120° = 76 \angle -173.1°\ \text{A}$$

$$\dot{I}_B = \sqrt{3}\,\dot{I}_{BC} \angle -30° = 76\sqrt{3} \angle 156.9°\ \text{A}$$

# 4.3　对称三相电路的计算

三相电源有星形接法,也有三角形接法,一般通常三相电源都为对称的三相电源,若三相负载也都是相同的,则称为对称的三相负载。由对称的三相电源和对称的三相负载相连接构成的三相电路,称为对称的三相电路。

对称 Y - Y 三相电路如图 4 - 14(a)所示。电路具有四条支路和两个节点,其电路可以看作如图 4 - 14(b)所示。

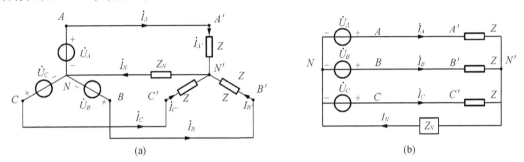

(a)　　　　　　　　　　　　　　　　(b)

**图 4 - 14　对称 Y - Y 三相电路**

假设以电源中性点 $N$ 为参考点,节点 $N'$ 与 $N$ 之间的电压用 $\dot{U}_{N'N}$ 表示,对负载节点 $N'$ 列出节点方程为

$$\left(\frac{3}{Z} + \frac{1}{Z_N}\right)\dot{U}_{N'N} = \frac{\dot{U}_A + \dot{U}_B + \dot{U}_C}{Z} \tag{4 - 13}$$

因为是对称的三相电源,有 $\dot{U}_A + \dot{U}_B + \dot{U}_C = 0$,则

$$\dot{U}_{N'N} = 0$$

因此,中性线两端 $NN'$ 没有压降,中性线上没有电流,即 $\dot{I}_N = 0$。因此,将中性线短路或开路处理不会影响电路正常工作。

若将中性线短路,其电路如图 4 - 15(a)所示,三相电路可以按照单相电源和负载的闭合回路进行分析计算,其余两相可以根据三相电压、电流之间的相位关系得到。若将中性线开路,其电路如图 4 - 15(b)所示,可根据三相电源星形接法电压、电流关系求出线电压,从而通过单相负载与电源对应的闭合回路得出所需的电压或电流,此方法通常称为单相计算法,适合于三相三线制电路的计算。

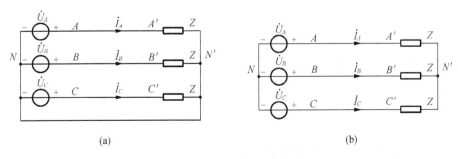

(a)　　　　　　　　　　　　　　　　(b)

**图 4 - 15　对称 Y - Y 等效三相电路**

(a)中线短路;(b)中线开路

**【例4－5】** 如图4－16所示电路对称 Y－Y 三相电路中,已知对称三相电源的相电压为 $\dot{U}_{AB}=380\angle60°$ V,对称负载的阻抗 $Z=30+j40$,试求各相负载的电流。

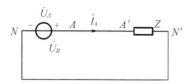

图4－16 【例4－5】图

**解** 对称的三相电源的相电压为

$$\dot{U}_A=\frac{\dot{U}_{AB}}{\sqrt{3}}\angle-30°=\frac{380\angle(60°-30°)\text{ V}}{\sqrt{3}}=220\angle30°\text{ V}$$

由于是对称的三相电路,因此 $\dot{I}_N=0$,则可将中性线短路,此时可以画出一相($A$ 相)计算电路,如图4－15(b)所示,求得三相负载的电流为

$$\dot{I}_A=\frac{\dot{U}_A}{Z}=\frac{220\angle30°\text{ V}}{30+j40}\text{ A}=4.4\angle-23.1°\text{ A}$$

由对称性,可得

$$\dot{I}_B=4.4\angle(-23.1°-120°)\text{ A}=4.4\angle-143.1°\text{ A}$$

$$\dot{I}_C=4.4\angle(-23.1°+120°)\text{ A}=4.4\angle96.9°\text{ A}$$

**【例4－6】** 在如图4－17所示的对称 Y－△ 三相电路中,已知三相电源的相电压为 $U_A=220$ V,负载的阻抗 $Z=10\angle-66.9°$,试求负载 $A$ 相的线电压、线电流。

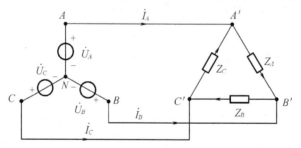

图4－17 【例4－4】图

**解** 设三相电源 $A$ 相相电压为 $\dot{U}_A=220\angle0°$ V,则对应的线电压为

$$\dot{U}_{AB}=\sqrt{3}\dot{U}_A\angle30°=380\angle30°\text{ V}$$

电源的线电压等于负载的线电压,即 $\dot{U}_{A'B'}=\dot{U}_{AB}$,又由于负载的线电压等于相电压,则负载的相电流为

$$\dot{I}_{A'B'}=\frac{\dot{U}_{A'B'}}{Z}=38\angle-36.9°\text{ A}$$

根据三角形负载接法线电流和相电流关系得

$$\dot{I}_A=\sqrt{3}\dot{I}_{AB'}\angle-30°=65.8\angle-66.9°\text{ A}$$

# 4.4　负载的功率

## 4.4.1　三相电路的功率

三相电路的功率与单相电路相同,都分为有功功率、无功功率和视在功率。三相负载总的有功功率必定是各相有功功率之和。当三相负载对称时,每相的有功功率是相等的,则总的有功功率为

$$P = 3P_{\mathrm{P}} = 3U_{\mathrm{P}}I_{\mathrm{P}}\cos\varphi_Z \tag{4-14}$$

如果对称负载是 Y 连接,则

$$U_{\mathrm{L}} = \sqrt{3}\,U_{\mathrm{P}},\ I_{\mathrm{L}} = I_{\mathrm{P}}$$

如果对称负载是 △ 连接,则

$$U_{\mathrm{L}} = U_{\mathrm{P}},\ I_{\mathrm{L}} = \sqrt{3}\,I_{\mathrm{P}}$$

那么无论负载为哪种连接,三相负载的总有功功率都是相同的,也可以表示为

$$P = \sqrt{3}\,U_{\mathrm{L}}I_{\mathrm{L}}\cos\varphi_Z \tag{4-15}$$

同理,三相无功功率和视在功率为

$$Q = 3U_{\mathrm{P}}I_{\mathrm{P}}\sin\varphi_Z = \sqrt{3}\,U_{\mathrm{L}}I_{\mathrm{L}}\sin\varphi_Z \tag{4-16}$$

$$S = 3U_{\mathrm{P}}I_{\mathrm{P}} = \sqrt{3}\,U_{\mathrm{L}}I_{\mathrm{L}} \tag{4-17}$$

式中,$\varphi_Z$ 为相电压与相电流的相位差(阻抗角),而不是线电流和相电流的夹角;$\cos\varphi_Z$ 为每相的功率因数,也称为三相功率因数,即 $\cos\varphi_Z = \cos\varphi_{ZA} = \cos\varphi_{ZB} = \cos\varphi_{ZC}$。

## 4.4.2　三相电路功率的测量

三相三线制电路中,无论对不对称,只需两块功率表就可以测量其总功率,即二功率表法,其测量连接方式如图 4-18 所示。两表读数的和等于总功率,即 $P = P_1 + P_2$。

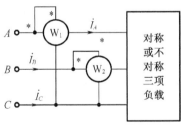

**图 4-18　二功率表法测量三相三线制功率的连接**

【例 4-7】　一台三相电动机,每相绕组的等效阻抗为 $Z = 30 + \mathrm{j}40\ \Omega$,对称三相电源的线电压为 $U_{\mathrm{L}} = 380\ \mathrm{V}$,求:

(1)当电动机做 Y 连接时的有功功率;

(2)当电动机做 △ 连接时的有功功率。

**解**　(1)当电动机做 Y 连接时,有

$$U_{\mathrm{P}} = \frac{U_{\mathrm{L}}}{\sqrt{3}} = 220\ \mathrm{V}$$

$$I_L = I_P = \frac{U_P}{|Z|} = \frac{220}{\sqrt{30^2 + 40^2}} = 4.4 \text{ A}$$

$$P = \sqrt{3} U_L I_L \cos \varphi_Z = \sqrt{3} \times 380 \times 4.4 \times \cos\left(\arctan\frac{40}{30}\right)$$

$$= \sqrt{3} \times 380 \times 4.4 \times 0.6 = 1.738 \text{ kW}$$

（2）当电动机做△连接时，有

$$U_P = U_1 = 380 \text{ V}$$

$$I_1 = \sqrt{3} I_P = \sqrt{3} \times \frac{U_P}{|Z|} = \sqrt{3} \times \frac{380}{\sqrt{30^2 + 40^2}} = 13.2 \text{ A}$$

$$P = \sqrt{3} U_1 I_1 \cos \varphi_Z = \sqrt{3} \times 380 \times 13.2 \times \cos\left(\arctan\frac{40}{30}\right)$$

$$= \sqrt{3} \times 380 \times 13.2 \times 0.6 = 5.2 \text{ kW}$$

可以看出负载不同连接时消耗的功率是不同的,△连接时消耗的功率等于做 Y 连接时消耗的功率的 3 倍。在【例 4 - 7】中,电源电压为线电压,电动机做 Y 连接时消耗的功率较小,所以当电源电压为线电压时,电动机应做 Y 形连接;而当电源电压为相电压时,电动机应做△连接。

## 【重点串联】

1. 三相对称电源为三个频率相同,振幅相同,相位彼此相差 120° 的电压源。三相电源相电压分别为

$$\dot{U}_A = U_P \angle 0°, \dot{U}_B = U_P \angle -120°, \dot{U}_C = U_P \angle 120°$$

若三角形连接方式,其线电压等于相电压,分别为

$$\dot{U}_{AB} = \dot{U}_A, \dot{U}_{BC} = \dot{U}_B, \dot{U}_{CA} = \dot{U}_C$$

若星形连接方式,其线电压分别为

$$\dot{U}_{AB} = \sqrt{3} U_A \angle 30°, \dot{U}_{BC} = \sqrt{3} U_B \angle -90°, \dot{U}_{CA} = \sqrt{3} U_C \angle 150°$$

即 $\dot{U}_L = \sqrt{3} U_P \angle 30°$。

2. 三相对称负载可以接成星形和三角形两种。

星形连接方式线电流等于相电流,即

$$I_L = I_P$$

三角形连接方式时

$$\dot{I}_A = \sqrt{3} \dot{I}_{AB} \angle -30°, \dot{I}_B = \sqrt{3} \dot{I}_{BC} \angle -30°, \dot{I}_C = \sqrt{3} \dot{I}_{CA} \angle -30°$$

其有效值的关系也可以表示为

$$I_L = \sqrt{3} I_P$$

3. 星形接法和三角形接法中,无论是对称三相电源还是对称三相负载,其电压电流的对应关系相同。

4. 对称三相四线制电路中,中线电流为 $\dot{I}_N = \dot{I}_A + \dot{I}_B + \dot{I}_C = 0$。所以,可将中线短路或开路处理。若中线短路,则三相电路可看作单相电源和负载的闭合回路进行分析计算。若中线开路,可根据三相电源星形接法电压、电流关系求出线电压,从而通过单相负载与电源

对应的闭合回路得出所需的电压或电流,此方法适合于三相三线制电路的计算。

5. 三相电路的功率分为有功功率、无功功率和视在功率。

总的有功功率　　　$P = 3P_P = 3U_P I_P \cos \varphi_Z = \sqrt{3} U_L I_L \cos \varphi_Z$

总的无功功率　　　$Q = 3U_P I_P \sin \varphi_Z = \sqrt{3} U_L I_L \sin \varphi_Z$

总的视在功率　　　$S = 3U_P I_P = \sqrt{3} U_L I_L$

它们之间仍然满足　　　$S = \sqrt{P^2 + Q^2}$

# 习　题　4

## 一、填空题

1. 三个电动势的_____相等,_____相同,_____互差120°,就称为对称三相电动势。

2. 对称三相正弦量(包括对称三相电动势、对称三相电压、对称三相电流)的瞬时值之和等于_____。

3. 三相电压到达振幅值(或零值)的先后次序称为_____,三相电压的相序为 $A \rightarrow B \rightarrow C$ 的称为_____序。

4. 三相电路中,对称三相电源一般连接成星形或_____两种特定的方式。

5. 三相四线制供电系统中可以获得两种电压,即_____和_____。

6. 三相电源端线间的电压叫_____,电源每相绕组两端的电压称为电源的_____。

4. 对于三相负载来说,流过端线的电流称为_____,流过每相负载的电流称为_____。

8. 如果三相负载的每相负载的复阻抗都相同,则称为_____,三相电路中若电源对称,负载也对称,则称为_____电路。

9. 在三相交流电路中,负载的连接方法有_____和_____两种。

10. 有一对称三相负载成星形连接,每相阻抗均为 22 Ω,功率因数为0.8,又测出负载中电流为10 A,那么三相电路的有功功率为_____ W;无功功率为_____ Var;视在功率为_____ VA。

## 二、选择题

1. 已知对称正序三相电源的相电压 $u_A = 10 \sin(\omega t + 30°)$,当电源星形连接时线电压 $u_{AB}$ 为_____。

　　A. $14.32\sin(\omega t + 60°)$　　　　　　　　B. $10\sin(\omega t + 60°)$

　　C. $14.32\sin(\omega t + 0°)$　　　　　　　　D. $10\sin(\omega t + 0°)$

2. 若要求三相负载中各相电压均为电源相电压,则负载应接成_____。

　　A. 星形有中线　　　　　　　　B. 星形无中线

　　C. 三角形连接　　　　　　　　D. 无法确定

3. 对称三相交流电路,三相负载为 △ 连接,当电源线电压不变时,三相负载换为 Y 连接,三相负载的相电流应_____。

A. 减小 B. 增大

C. 不变 D. 无法确定

4. 已知三相电源线电压 $U_L = 380$ V, 三相对称负载 $Z = (6 + j8)$ Ω 做三角形连接, 则线电流 $I_L = \underline{\qquad}$ A。

A. 38 B. 22

C. 38 D. 22

5. 已知三相电源线电压 $U_L = 380$ V, 三相对称负载 $Z = (6 + j8)$ Ω 做三角形连接, 则相电流 $I_P = \underline{\qquad}$。

A. 38 B. 22

C. 38 D. 22

6. 对称三相交流电路中, 三相负载为 Y 连接, 当电源电压不变, 而负载变为 △ 连接时, 对称三相负载所吸收的功率 $\underline{\qquad}$。

A. 增大 B. 减小

C. 不变 D. 无法确定

7. 正序三相交流电源接有三相对称负载, 设 A 相电流为 $i_A = I_m \sin \omega t$ A, 则 $i_B$ 为 $\underline{\qquad}$。

A. $i_B = I_m \sin(\omega t - 120°)$ B. $i_B = I_m \sin \omega t$

C. $i_B = I_m \sin(\omega t - 240°)$ D. $i_B = I_m \sin(\omega t + 120°)$

8. 对称三相电源, 线电压 $\dot{U}_{AB}$ 和 $\dot{U}_{BC}$ 相位关系为 $\underline{\qquad}$。

A. $\dot{U}_{AB}$ 超前 $\dot{U}_{BC}$ 60° B. $\dot{U}_{AB}$ 滞后 $\dot{U}_{BC}$ 60°

C. $\dot{U}_{AB}$ 超前 $\dot{U}_{BC}$ 120° D. $\dot{U}_{AB}$ 滞后 $\dot{U}_{BC}$ 120°

9. 在负载为星形连接的对称三相电路中, 各线电流与相应的相电流的关系是 $\underline{\qquad}$。

A. 大小、相位都相等

B. 大小相等, 线电流超前相应的相电流

C. 线电流大小为相电流大小的 3 倍, 线电流超前相应的相电流

D. 线电流大小为相电流大小的 3 倍, 线电流滞后相应的相电流

10. 在三相交流电路中, 下列结论中错误的是 $\underline{\qquad}$。

A. 当负载做 Y 连接时, 必须有中线

B. 当三相负载越接近对称时, 中线电流就越小

C. 当负载做 Y 连接时, 线电流必等于相电流

D. 当负载做 △ 连接时, 线电流为相电流的 $\sqrt{3}$ 倍

## 三、计算题

1. 确定下列电源相序 $\dot{U}_A = 110\angle30°$ V, $\dot{U}_B = 110\angle150°$ V, $\dot{U}_C = 110\angle270°$ V。

2. 已知 $u_B = 173\cos(\omega t - 130°)$ V, 对称三相电源相序为正序, 试确定 $u_A$ 和 $u_C$ 值(设角频率为 $\omega$)。

3. Y 连接三相对称负载 $Z = 100\angle45°$ Ω, 线电压 $U_L = 380$ V, 求负载相电压 $U_P$、线电

流 $I_L$。

4. 对称三相三线制的线电压380 V,Y 负载每相阻抗为 $Z = 10\angle 53.1°\ \Omega$,求负载的相电流。

5. 对称三相三线制的线电压为380 V,△ 负载的每相阻抗 $Z = 10\angle 53.1°\ \Omega$,求负载的线电流。

6. 一个对称星形连接的三相电源,其 $\dot{U}_A = 100\angle 10°$ V,接到一个△连接的对称负载上,每相负载的阻抗 $Z = (8 + j4)\ \Omega$。试计算相电流和线电流。

4. 已知星形连接负载的各相阻抗为$(10 + j15)\ \Omega$,所加对称相电压为220 V,试求此负载吸收的平均功率。

8. 有一三相电动机,每相的等效电阻 $R = 29\ \Omega$,等效感抗 $X_L = 21.8\ \Omega$,试求下列两种情况下电动机的相电流、线电流以及从电源输入的功率,并比较所得的结果:

(1)绕组连成星形接于 $U_L = 380$ V 的三相电源上;

(2)绕组连成三角形接于 $U_L = 220$ V 的三相电源上。

9. 对称的星形负载接在线电压为380 V 的对称三相电源上,每相负载阻抗 $Z = 3 + j4\ \Omega$,试求三相负载吸收的有功功率。

10. 三角形对称负载接在线电源为380 V 的对称三相电源上,电路如图4 – 19 所示,负载每相电阻为60 $\Omega$,其线路阻抗为2 $\Omega$,试求负载的线电压和负载吸收的平均功率。

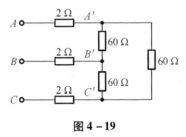

图 4 – 19

# 习题4 参考答案

## 一、填空题

1. 振幅,频率,相位　2. 0　3. 相序,正序　4. 三角形　5. 相电压,线电压

6. 线电压,相电压　7. 线电流,相电流　8. 对称三相负载,对称三相　9. 星形,三角形

10. 5 280,3 960,6 600

## 二、选择题

1. A　2. A　3. A　4. A　5. B　6. C　7. A　8. C　9. A　10. A

# 第5章　电路的暂态分析

## 【本章要点】

本章介绍一阶动态电路方程的建立,包括一阶 RC 电路、一阶 RL 电路,零输入响应、零状态响应及全响应等概念,以及一阶动态电路的计算。通过本章的学习掌握一阶动态电路分析方法——三要素法。

## 5.1　动态电路方程的建立

### 5.1.1　动态电路及其暂态过程产生的原因

在前面的章节中介绍了电容元件和电感元件,这两种元件的电压和电流的约束关系是通过微分或积分表示的,所以称为动态元件,又称为储能元件。含有动态元件的电路称为动态电路。动态电路的状态发生改变(换路)后,动态元件吸收或释放一定的能量。吸收或释放能量的过程实际上不可能瞬间完成,需要经历一段过渡时间,动态电路在过渡时间中的工作状态称为暂态。描述动态电路的方程是动态元件的伏安关系,也就是微分－积分关系。

下面对电阻电路和动态电路换路后的过程进行比较。

如图 5 - 1 所示为电阻电路和波形图。$t < 0$ 时开关断开,电路处于一种稳态,输出端电压为零,即 $i_2 = 0$,$u_2 = 0$。电路在 $t = 0$ 时开关闭合,即发生换路,用 $t = 0_-$ 和 $t = 0_+$ 分别表示换路前和换路后瞬间,显然在 $t = 0_+$ 时开关已经闭合,电路状态立即跳到另一种稳态,输出电压为一定数值,满足 $u_2 = R_2 U_S / (R_1 + R_2)$。当 $t > 0$ 时开关已经处于闭合的稳定状态。也就是说,在 $t = 0$ 电路发生换路时,电路状态的改变是立即发生的,无过渡过程,具有即时性。

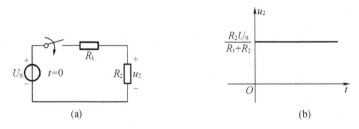

**图 5 - 1　电阻电路和波形图**

(a)电阻电路;(b)波形图

如图 5 - 2 所示为电容元件构成的动态电路和电压波形图。$t < 0$ 时开关断开,电路处于一种稳态,输出端电压为零,即 $i_C = 0$,$u_C = 0$。电路在 $t = 0$ 时开关闭合,即发生换路,用 $t = 0_-$ 和 $t = 0_+$ 分别表示换路前和换路后瞬间,显然在 $t = 0_+$ 时开关已经闭合,电路状态经过

一段过渡过程后,上升到另一种稳态。电容两端电压是时间的函数,即 $u_C = \dfrac{1}{C}\int i_C \mathrm{d}t$。当 $t > 0$ 时开关已经处于闭合的稳定状态。由于电容属于储能元件,因此在 $t = 0$ 电路发生换路时,因为电路内部含有储能元件,能量的储存和释放都需要一定的时间来完成,电路状态的改变就需要一定的暂态过程。

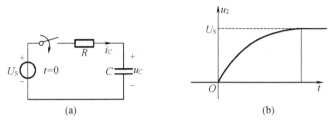

图 5 - 2　动态电路和电压波形图

(a)动态电路;(b)电压波形图

因此,换路和含有储能元件是电路具有暂态过程的两个原因。动态电路的时域分析主要是以时间为自变量列写电路方程,求解相应的电压或电流,从而分析其变化规律。动态电路的过渡过程可能会在极短的时间内产生瞬间的大电流或大电压,因此要学习暂态过程,从而有效地避免其对家用电器的危害。

### 5.1.2　动态电路方程的建立

在动态电路中,除有电阻、电源外,还有动态元件(电容、电感),而动态元件的电流与电压的约束关系是微分与积分关系,根据 KCL、KVL 和元件的 VCR 所建立的电路方程是以时间为自变量的线性常微分方程,求解微分方程就可以得到所求的电压或电流。如果电路中的无源元件都是线性不变的,那么动态电路方程是线性常系数微分方程。

求解的复杂性取决于微分方程的阶数。分析过程中,常根据微分方程的阶数为电路分类,用一阶微分方程描述电路,就称为一阶电路,此外还有二阶电路、三阶电路、高阶电路等。

本章的重点是一阶电路,它是最简单的一类暂态电路。对于含有(或等效)一个电容或电感的电路,某时刻的状态可以用一阶微分方程来描述,即可称为一阶电路。任何一个一阶电路都可以等效成戴维南和诺顿等效电路,其电路如图 5 - 3 所示。

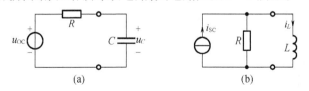

图 5 - 3　一阶电路的等效电路

(a)戴维南等效电路;(b)诺顿等效电路

图 5 - 3(a)所示 RC 电路 KVL 方程为

$$RC\frac{\mathrm{d}u_C}{\mathrm{d}t} + u_C = u_{OC} \tag{5 - 1}$$

图 5-3(b)所示 RL 电路 KVL 方程为

$$\frac{L}{R}\frac{\mathrm{d}u_C}{\mathrm{d}t}+i_L=i_{SC} \tag{5-2}$$

因此,一阶电路微分方程可以统一表示为

$$\tau\frac{\mathrm{d}f(t)}{\mathrm{d}t}+f(t)=g(t) \tag{5-3}$$

## 5.2 电路初始条件的确定

### 5.2.1 换路定律

电容元件存储的电场能量在换路时不能跃变,电场能量为 $W_C=\frac{1}{2}Cu_C^2$,因此电容电压不能跃变。因为电容元件的电压、电流关系为 $i_C=C\frac{\mathrm{d}u_C}{\mathrm{d}t}$,若电容的电压跃变,将导致其电流为无穷大,这通常是不可能的,因此电容电压不能跃变。

电感元件存储的磁场能量在换路时不能跃变,磁场能量为 $W_L=\frac{1}{2}Cu_C^2$,因此电感电流不能跃变。因为电感元件的电压、电流关系为 $u_L=L\frac{\mathrm{d}i_L}{\mathrm{d}t}$,若电感的电流跃变,将导致其端电压变为无穷大,这通常是不可能的,因此电感电流不能跃变。

在换路前后电容电流和电感电压为有限值的条件下,换路前后瞬间电容电压和电感电流不能跃变,这就是换路定理,即

$$u_C(0_+)=u_C(0_-),\ i_L(0_+)=i_L(0_-) \tag{5-4}$$

式(5-4)中换路前瞬间 $t=0_-$ 的量值称为原始值,换路后瞬间 $t=0_+$ 的量值称为初始值。换路定理表明,在换路瞬间电容电压 $u_C(t)$ 是连续变化的或称渐变的,电感电流 $i_L(t)$ 也是连续的。而电路中电容电流、电感电压、电阻电压、电流和电流源的电压、电压源的电流等量是可以跃变的。

### 5.2.2 电路初始值的计算

初始值是指换路后瞬间 $t=0_+$ 时刻的电压、电流值。初始值一般分为两大类:一类是在 $t=0_+$ 时刻不能跃变的初始值 $u_C(0_+)$ 和 $i_L(0_+)$;另一类是在 $t=0_+$ 时刻可以跃变的初始值 $u(0_+)$ 和 $i(0_+)$,其中 $u_C(0_+)$ 和 $i_L(0_+)$ 可以根据换路定理来确定,而 $u(0_+)$ 和 $i(0_+)$ 要根据独立初始条件及电路的基本定理来列方程求解。

求初始值的一般步骤如下:

(1)由换路前($t=0_-$ 时刻)电路,求 $u_C(0_-)$ 和 $i_L(0_-)$。

(2)由换路定理得出 $u_C(0_+)$ 和 $i_L(0_+)$。

(3)做 $t=0_+$ 时刻等效电路。在 $t=0_+$ 时刻,若电容有初始储能,$u_C(0_+)$ 为一定的量值,电容可置换为一量值与 $u_C(0_+)$ 相等、方向一致的电压源,若电容没有初始储能,即 $u_C(0_+)=0$,电容可以用短路等效。同理,在 $t=0_+$ 时刻,电感若有初始储能,$i_L(0_+)$ 为一定的量值,电感可置换为一量值与 $i_L(0_+)$ 相等、方向一致的电流源;若电感没有初始储能,即

$i_L(0_+) = 0$,可以用开路等效。

（4）由 $t=0_+$ 时刻电路求解所需的 $u(0_+)$ 和 $i(0_+)$。

列写电路方程仍然依据电路变量的结构约束和元件约束,即

KCL $\sum i(0_+) = 0$

KVL $\sum u(0_+) = 0$

VCR $u_R(0_+) = Ri_R(0_+)$ 或 $i_R(0_+) = Gu_R(0_+)$

可见,在 $t=0_+$ 时刻动态元件置换后的电路中,只剩下电阻元件、受控电源和独立电源组成的电阻电路,可用分析直流电路的各种方法来求解出 $u_C(0_+)$,$i_L(0_+)$ 之外的各初始值 $f(0_+)$。

**【例 5 - 1】**　在如图 5 - 4(a)所示电路中,$t<0$ 时电路处于稳态,$t=0$ 时开关闭合。求初始值 $i_L(0_+)$ 和 $i(0_+)$。

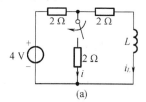 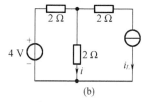

图 5 - 4　【例 5 - 1】图

**解**　（1）换路前,$t<0$ 时电感处于短路,则

$$i_L(0_-) = \frac{4\ V}{2\ \Omega + 2\Omega} = 1\ A$$

（2）$t=0_+$ 时刻换路,根据换路定律得

$$i_L(0_+) = i_L(0_-) = 1\ A$$

（3）做 $t=0_+$ 时刻等效电路。电感可置换成一电流源等于 1 A 的直流电流源,如图 5 - 4(b) 所示。

（4）利用叠加定理得

$$i(0_+) = \frac{4\ V}{2\ \Omega + 2\ \Omega} - \frac{2\ \Omega}{2\ \Omega + 2\ \Omega} \times 1\ A = 0.5\ A$$

**【例 5 - 2】**　在如图 5 - 5(a)所示电路中,已知 $R_1 = 9\ \Omega$,$R_2 = 12\ \Omega$,$U_S = 9\ V$。$t<0$ 时电路处于稳态,$t=0$ 时开关闭合。假设开关闭合前电容电压为零,试求换路后的初始值 $u_1(0_+)$,$i_C(0_+)$。

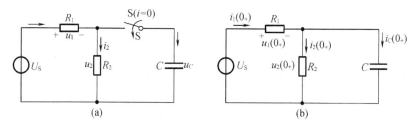

图 5 - 5　【例 5 - 2】图

**解**　（1）根据题意,开关闭合前电容电压为 0,即 $u_C(0_-) = 0$。

（2）根据换路定理可得

$$u_C(0_+) = u_C(0_-) = 0$$

电容两端相当于短路。

（3）做 $t = 0_+$ 时刻等效电路，如图 5-5（b）所示。

（4）列写方程求初始值，即

$$u_2(0_+) = u_C(0_+) = 0$$

$$i_2(0_+) = \frac{u_2(0_+)}{R_2} = \frac{0 \text{ V}}{12 \ \Omega} = 0 \text{ A}$$

$$u_1(0_+) = U_S = 9 \text{ V}$$

$$i_1(0_+) = \frac{u_1(0_+)}{R_1} = \frac{9 \text{ V}}{9 \ \Omega} = 1 \text{ A}$$

$$i_C(0_+) = i_1(0_+) - i_2(0_+) = (1-0) \text{ A} = 1 \text{ A}$$

## 5.3 一阶电路的零输入响应

本章主要按照引起电路响应能量来源对一阶电路进行分析。这些能量来源包括独立电源（也称为输入或激励）和电容或电感的初始储能（也称为初始状态），因而响应分为三类：①零输入响应，是动态电路在换路后，无独立电源的作用情况下，仅由初始储能引起的响应；②零状态响应，是动态电路在换路前无初始储能，仅在外加激励作用下引起的响应；③全响应，是外加激励和初始储能共同作用引起的响应。

### 5.3.1 RC 电路的零输入响应

RC 的零输入响应电路如图 5-6（a）所示。开关原来与 $a$ 点接通处于稳态，电容上的电压 $u_C(0_-) = U_0$。$t = 0$ 时开关由 $a$ 点接到 $b$ 点，电容的初始储能将通过电阻释放出来。$t \geq 0$ 时构成图 5-6（b）所示 RC 放电电路。根据 KVL，有

$$-u_R + u_C = -Ri_C + u_C = RC\frac{\mathrm{d}u_C}{\mathrm{d}t} + u_C = 0 \qquad (5-5)$$

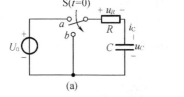
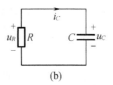

图 5-6　RC 的零输入响应电路

式（5-5）为一阶常系数线性齐次微分方程，分离变量为

$$\frac{\mathrm{d}u_C}{\mathrm{d}t} = -\frac{1}{RC}\mathrm{d}t$$

$$\ln u_C = -\frac{t}{RC} + C \qquad (5-6)$$

解得

$$u_C = A\mathrm{e}^{\frac{t}{RC}}$$

根据换路定律电容电压初始值为 $u_C(0_+) = u_C(0_-) = U_0$，得

$$u_C = U_0\mathrm{e}^{\frac{t}{RC}} \quad (t \geqslant 0) \tag{5-7}$$

$$i_C = \frac{u_C}{R} = C\frac{\mathrm{d}u_C}{\mathrm{d}t} = -\frac{U_0}{R}\mathrm{e}^{\frac{t}{RC}} \quad (t \geqslant 0) \tag{5-8}$$

式(5-5)和式(5-7)分别为电容放电过程中电压的表达式，均为指数变化规律。其变化曲线如图5-7所示，可以看出 $u_C, i_C$ 均随时间逐渐减小，最终衰减到零，这表明RC电路的零输入响应就是电容电压在衰减的过程，也就是其储存的电场能量通过电阻转换为热能而消耗的过程。

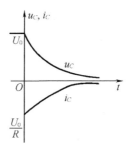

**图5-7　电容放电过程电压和电流变化曲线**

在 $t=0$ 处 $u_C$ 是连续的，而 $i_C$ 则由零跃变到 $U_0/R$。如果 $R$ 很小，则在放电开始的一瞬间，将会产生很大的放电电流。

令 $\tau = RC$，表征它们衰减的快慢，它具有时间单位（$\Omega \times \mathrm{F} = \dfrac{\mathrm{V}}{\mathrm{A}} \times \dfrac{\mathrm{C}}{\mathrm{V}} = \dfrac{\mathrm{C}}{\mathrm{A}} = \dfrac{\mathrm{C}}{\mathrm{C/s}} = \mathrm{s}$），称为电路的时间常数。它的大小决定了一阶电路零输入过渡过程进展的快慢，它是反映过渡过程特性的一个重要的量。当 $t$ 等于不同的 $\tau$ 值时，计算结果见表5-1。

**表5-1　$\tau$ 对放电时间的影响**

| $t$ | 0 | $\tau$ | $2\tau$ | $3\tau$ | $4\tau$ | $5\tau$ | … | $\infty$ |
|---|---|---|---|---|---|---|---|---|
| $u_C(t)$ | $U_0$ | $0.368U_0$ | $0.135U_0$ | $0.05U_0$ | $0.018U_0$ | $0.007U_0$ | … | 0 |

时间常数中 $R, C$ 越大，所需过渡过程越长，经过 $3\tau \sim 5\tau$ 的时间，放电基本结束，电路达到新的稳定状态。

**【例5-3】**　如图5-8(a)所示的电路已处于稳态，$t=0$ 时，开关由 $a$ 拨向 $b$，求 $t \geqslant 0$ 时的 $u_C(t)$ 及 $i_C(t)$。

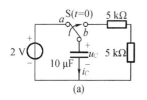 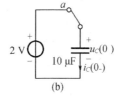 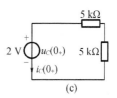

**图5-8　【例5-3】图**

**解** (1)换路前($t<0$),电路的等效电路如图5-8(b)所示。

$$u_C(0_-) = 2 \text{ V}$$

(2)$t=0_+$换路,电容电压不跃变,根据换路定理得

$$u_C(0_+) = u_C(0_-) = 2 \text{ V}$$

(3)换路后($t \geq 0$),电路可以等效为如图5-8(c)所示。当$t \geq 0$时,电容以外的戴维南等效电路的等效电阻为

$$R_i = 5 \text{ k}\Omega + 5 \text{ k}\Omega = 10 \text{ k}\Omega$$

时间常数为

$$\tau = R_i C = 10 \text{ k}\Omega \times 10 \text{ }\mu\text{F} = 0.1 \text{ s}$$

因此,换路后电容电压和电流的表达式为

$$u_C(t) = U_0 e^{-\frac{t}{\tau}} = 2e^{-10t} \text{ V} \quad (t \geq 0)$$

$$i_C(t) = C\frac{\mathrm{d}u_C}{\mathrm{d}t} = 10 \times 10^{-6} \times (-10 \times 2)e^{-10t}\text{A} = -0.2e^{-10t} \text{ mA} \quad (t \geq 0)$$

### 5.3.2 RL 电路的零输入响应

RL 的零输入响应电路如图5-9所示。$t<0$时电路已处于稳态,电感上的电流 $i_L(0_-) = I_S$。$t=0$瞬间开关由 $a$ 拨向 $b$。$t>0$ 时,电感的能量不断地释放,电感上的电流不断地减小,直到所有的能量释放完毕。

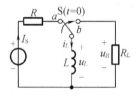

**图 5-9 RL 的零输入响应电路**

电路发生换路后,可得

$$u_L - u_R = L\frac{\mathrm{d}i_L}{\mathrm{d}t} - Ri_R = 0$$

又因为 $i_R = -i_L$,所以

$$L\frac{\mathrm{d}i_L}{\mathrm{d}t} + Ri_L = 0 \quad (t \geq 0)$$

整理得

$$\frac{L}{R}\frac{\mathrm{d}i_L}{\mathrm{d}t} + i_L = 0 \quad (t \geq 0)$$

其通解为

$$i_L(t) = A e^{\frac{R}{L}t} \quad (t \geq 0)$$

由换路定理可知 $i_L(0_+) = i_L(0_-) = I_S$,那么 $A = I_S$,因此

$$i_L(t) = I_S e^{-\frac{R}{L}t}$$

$$u_L(t) = L\frac{\mathrm{d}i_L}{\mathrm{d}t} = -RI_S e^{-\frac{R}{L}t} \quad (t \geq 0)$$

它们在时间轴上的变化曲线如图 5 – 10 所示。

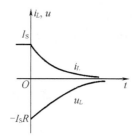

图 5 – 10　电感电流和电压在时间轴上的变化曲线

与 RC 电路类似,$\dfrac{L}{R}$ 也反映了 RL 电路的衰减快慢,也具有时间的量纲,因此,RL 电路的时间常数 $\tau = \dfrac{L}{R}$。$L$ 越大或 $R$ 越小,则释放磁场能量所需要的时间越长,也就是暂态过程越长。

**【例 5 – 4】**　如图 5 – 11 所示电路,已知 $U_S = 15\ \text{V}, R_1 = 5\ \Omega, R_2 = 1\ \text{k}\Omega, L = 0.4\ \text{H}$。$t < 0$ 时电路处于直流稳态,$t = 0$ 时开关断开。求换路后电感电流 $i_L(t)$ 以及电阻 $R_2$ 两端电压 $u_2(t)$。

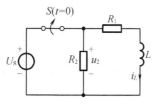

图 5 – 11　【例 5 – 4】图

**解**　(1)换路前,$t < 0$,电路电感相当于短路,有

$$i_L(0_-) = \frac{U_S}{R_1} = \frac{15\ \text{V}}{5\ \Omega} = 3\ \text{A}$$

(2)$t = 0_+$ 时刻换路,根据换路定律得

$$i_L(0_+) = i_L(0_-) = 3\ \text{A}$$

(3)换路后,时间常数为

$$\tau = \frac{L}{R_i} = \frac{0.4\ \text{H}}{R_1 + R_2} = \frac{0.4\ \text{H}}{5\ \Omega + 1\ \text{k}\Omega} \approx 0.4\ \text{ms}$$

因此

$$i_L(t) = I_0 \text{e}^{-\frac{t}{\tau}} = 3\text{e}^{-2.5 \times 10^3 t} \quad (t \geqslant 0)$$

$$u_2(t) = -R_2 i_L = -1\ \text{k}\Omega \times 3\text{e}^{-2.5 \times 10^3 t}\ \text{A} = -3 \times 10^3 \text{e}^{-2.5 \times 10^3}\ \text{V} \quad (t \geqslant 0)$$

### 5.3.3　一阶电路零输入响应的一般形式

由 5.3.1 节和 5.3.2 节分析可知,一阶电路的零输入响应的一般形式为

$$r(t) = r(0_+)\text{e}^{-\frac{t}{\tau}} \quad (t \geqslant 0)$$

式中,对于一阶 RC 电路 $\tau = R_i C$;一阶 RL 电路 $\tau = L/R_i$。

从一阶电路的一般形式可以看出：

（1）只要求出响应的初始值和电路的时间常数，就可以写出电路的零输入响应表达式；

（2）在同一电路中不同变量的时间常数是相同的；

（3）零输入响应与其初始值成正比。

## 5.4 一阶电路的零状态响应

### 5.4.1 RC 电路的零输入响应

一阶 RC 零状态响应电路如图 5－12 所示。$t<0$ 时刻开关已经处于稳态，即 $u_C(0_-) = 0\text{ V},t=0$ 时刻开关闭合。

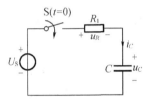

**图 5－12　一阶 RC 零状态响应电路**

$$U_S = u_R + u_C = RC\frac{\mathrm{d}u_C}{\mathrm{d}t} + u_C \tag{5-9}$$

式（5－9）为一阶线性非齐次微分方程。方程的解由通解和特解组成

$$u_C = Ae^{-\frac{t}{\tau}} + U_S$$

式中，$\tau = RC$。又因为 $u_C(0_-) = u_C(0_+) = 0\text{ V}$，因此，$A = -U_S$，将其代入上式得 RC 电路零状态响应表达式为

$$u_C = -U_S e^{-\frac{t}{\tau}} + U_S = U_S(1 - e^{-\frac{t}{\tau}}) \tag{5-10}$$

$$i_C = C\frac{\mathrm{d}u_C}{\mathrm{d}t} = \frac{U_S}{R}e^{-\frac{t}{\tau}}$$

可见，只要确定换路后电路稳态值 $u_C(\infty)$ 和时间常数 $\tau$，就可以直接写出电容电压的零状态响应表达式。

一阶 RC 零状态响应的电压和电流变化曲线如图 5－13 所示。电路换路后电路的状态为电容充电的过程。

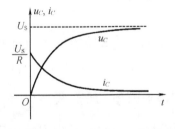

**图 5－13　一阶 RC 零状态响应的电压和电流变化曲线**

当 $t \geq 0$ 时，电路处于新的稳态，此时 $U_S = u_C(\infty)$，因此，式（5－10）可以写成

$$u_C = u_C(\infty)\left(1 - \mathrm{e}^{-\frac{t}{\tau}}\right) \qquad (5-11)$$

【例 5 - 5】　如图 5 - 14(a)所示电路,已知换路前电容上初始储能为 0,当 $t = 0$ 时,开关 S 闭合,求换路后电容上的电压 $u_C(t)$。

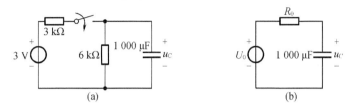

图 5 - 14　【例 5 - 5】图

**解**　(1)换路前,电容上的初始储能为 0。

(2)$t = 0_+$ 时换路,换路后电容元件两端以外的戴维南等效电路如图 5 - 14(b)所示,其中

$$U_0 = \frac{6}{6+3} \times 3 = 2 \text{ V}$$

$$R_i = \frac{3 \text{ k}\Omega \times 6 \text{ k}\Omega}{3 \text{ k}\Omega + 6 \text{ k}\Omega} = 2 \text{ k}\Omega$$

该电路的时间常数为

$$\tau = R_i C = 2 \text{ k}\Omega \times 1\,000 \text{ μF} = 2 \text{ s}$$

(3)$t \to \infty$,电路达到稳态,此时电容的稳态值为

$$u_C(\infty) = U_0 = 2 \text{ V}$$

根据一阶 RC 零状态响应的表达式(5 - 11)得

$$u_C(t) = u_C(\infty)\left(1 - \mathrm{e}^{-\frac{T}{\tau}}\right) = 2\left(1 - \mathrm{e}^{-\frac{T}{2}}\right) \text{ V} \quad (t \geqslant 0)$$

### 5.4.2　RL 电路的零状态响应

一阶 RL 零状态响应电路如图 5 - 15 所示。$I_S$ 为直流电流源,$t < 0$ 时,开关 S 闭合,电路处于稳态,电感中的电流 $i_L(0_-) = 0$。当 $t = 0$ 时,开关 S 断开,电感上没有初始储能,$i_L(0_+) = i_L(0_-) = 0$,在 $I_S$ 的作用下,电路产生了零状态响应。

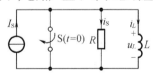

图 5 - 15　一阶 RL 零状态响应电路

电路换路后得一阶线性非齐次微分方程为

$$i_R + i_L = \frac{L}{R}\frac{\mathrm{d}i_L}{\mathrm{d}t} + i_L = I_S$$

与一阶 RC 零状态响应电路类似,该方程的解为

$$i_L(t) = I_S\left(1 - \mathrm{e}^{-\frac{R}{L}t}\right)$$

即 RL 电路的零状态响应表达式为

$$i_L(t) = I_S(1 - e^{-\frac{t}{\tau}}) = i_L(\infty)(1 - e^{-\frac{t}{\tau}}) \tag{5-12}$$

式中，$\tau = \dfrac{L}{R}$ 为电路的时间常数；$i_L(\infty)$ 为换路后电路的稳态值。

电感两端的电压为

$$u_L(t) = L\frac{di_L}{dt} = RI_S e^{-\frac{R}{L}t}$$

$i_L(t)$ 和 $u_L(t)$ 的波形如图 5-16 所示。

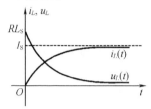

**图5-16　RL 零状态响应电路的 $i_L(t)$ 和 $u_L(t)$ 的波形**

【**例5-6**】　如图 5-17 所示电路，$U_S = 6\ \text{V}, R_1 = 3\ \text{k}\Omega, R_2 = 6\ \text{k}\Omega, L = 0.4\ \text{H}$。已知 $t < 0$ 时电感电流为 $0$，$t = 0$ 时开关闭合，求换路后电感电流 $i_L(t)$ 和电感电压 $u_L(t)$。

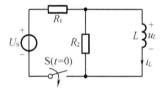

**图5-17　【例5-6】图**

**解**　(1) 换路前，$t < 0$ 时 $i_L(0_-) = 0$。

(2) $t = 0_+$ 时换路，根据换路定理得

$$i_L(0_+) = i_L(0_-) = 0$$

(3) $t \to \infty$，电路进入稳态，电感相当于短路，此时电感电流为

$$i_L(\infty) = \frac{6\ \text{V}}{3\ \text{k}\Omega} = 2\ \text{mA}$$

电路的时间常数为

$$\tau = \frac{L}{R_1} = \frac{0.4\ \text{H}}{\dfrac{3\times6}{3+6}\ \text{k}\Omega} = 0.2\ \text{ms}$$

根据 RL 电路零状态响应表达式得

$$i_L(t) = i_L(\infty)(1 - e^{-\frac{t}{\tau}}) = 2 \times 10^{-3}(1 - e^{-5\times10^3 t}) \quad (t \geq 0)$$

$$u_L(t) = L\frac{di_L}{dt} = 0.4 \times 2 \times 10^{-3} \times 5 \times 10^3 e^{-5\times10^3 t} = 4e^{-5\times10^3 t}\ \text{A} \quad (t \geq 0)$$

## 5.5　一阶电路的全响应

全响应电路如图 5-18 所示。若 $t<0$ 时电容电压 $u_C(0_-)=U_0$，$t=0$ 时开关闭合。则有

$$RC\frac{\mathrm{d}u_C}{\mathrm{d}t}+u_C=U_{\mathrm{S}}$$

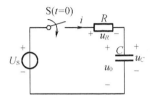

**图 5-18　一阶全响应电路**

该一阶线性非齐次方程的完全解为

$$u_C=U_{\mathrm{S}}+A\mathrm{e}^{-\frac{t}{\tau}}$$

根据换路定理可知 $u_C(0_-)=u_C(0_+)=U_0$，求得

$$A=U_0-U_{\mathrm{S}}$$

因此，有

$$u_C=U_{\mathrm{S}}+(U_0-U_{\mathrm{S}})\mathrm{e}^{-\frac{t}{\tau}} \tag{5-13}$$

整理可得一阶电路的全响应表达式为

$$u_C=U_0\mathrm{e}^{-\frac{t}{\tau}}+U_{\mathrm{S}}(1-\mathrm{e}^{-\frac{t}{\tau}}) \tag{5-14}$$

从式(5-14)可以看出，如果把电压源 $U_{\mathrm{S}}$ 置零，$u_C(0_-)=u_C(0_+)=U_0$，这是仅由电路的初始储能产生的响应，电路恰好是零输入响应。如果 $U_0=0$ 时，这是仅由独立电源产生的响应，因此电路的响应是零状态响应。根据线性电路的叠加性质，电路的响应是两种激励各自作用时响应的叠加。说明一阶电路全响应可以表示为

$$全响应=（零输入响应）+（零状态响应）$$

在式(5-13)中，$U_{\mathrm{S}}$ 独立电压源，换路后，响应仍然稳定存在的分量，称为稳态分量；$(U_0-U_{\mathrm{S}})\mathrm{e}^{-\frac{t}{\tau}}$ 是随时间 $t$ 按指数规律而逐渐衰减为零的分量，所以称为瞬态分量。因此，全响应也可以表示为

$$全响应=（稳态分量）+（暂态分量）$$

## 5.6　一阶电路的三要素法

### 5.6.1　三要素法的概念

一阶电路在直流激励作用下，电路变量有初始值，换路后按指数规律变化至新的稳态值，暂态过程的速度与时间常数有关。若设响应初始值为 $f(0_+)$，稳态值为 $f(\infty)$，时间常数为 $\tau$，则全响应 $f(t)$ 的通式可以表示为

$$f(t)=f(\infty)+[f(0_+)-f(\infty)]\mathrm{e}^{-\frac{t}{\tau}} \tag{5-15}$$

由此可见,在直流激励作用下,任何一阶电路的响应都可以由 $f(0_+)$、$f(\infty)$ 和 $\tau$ 三个要素确定,就可以得出一阶电路的全响应,这种方法就称为三要素法。

### 5.6.2 三要素法分析动态电路的一般步骤

1. 初始值 $f(0_+)$

关于电路初始值的计算,首先计算换路前电容电压 $u_C(0_-)$ 或电感电流 $i_L(0_-)$,由换路定理可求得初始值为 $u_C(0_+) = u_C(0_-)$ 或 $i_L(0_+) = i_L(0_-)$;其次做换路瞬间的等效电路,将电容元件用电压为 $u_C(0_+)$ 的电压源代替,将电感用电流为 $i_L(0_+)$ 的电流源等效代替;最后通过该等效电路,求其他初始值。

2. 稳态解为 $f(\infty)$

换路后达到新的稳态,直流激励作用下,电容视为开路,电感视为短路。做 $t \to \infty$ 时等效电路,求出稳态值 $f(\infty)$。

3. 时间常数 $\tau$

一阶 RC 电路的时间常数 $\tau = R_i C$,一阶 RL 电路的时间常数 $\tau = \dfrac{L}{R_i}$,其中,$R_i$ 为换路后电容或电感两端看过去的戴维南等效电路的等效电阻。

【例 5 – 7】 如图 5 – 19(a) 所示电路,$R_1 = 5\ \Omega$,$R_2 = 5\ \Omega$,$U_S = 5\ V$,$C = 1\ F$,$t < 0$ 电路处于稳态,$t = 0$ 时开关 S 闭合,求 $t > 0$ 时电容电压 $u_C(t)$、电阻 $R_1$ 和电流 $i_1(t)$。

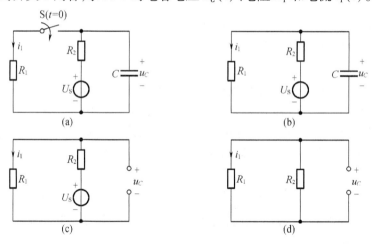

**图 5 – 19** 【例 5 – 7】图

(a)等效电路;(b)$t = 0$ 时刻等效电路;(c)$t = \infty$ 时等效电路;(d)戴维南等效电阻

**解** (1)求初始值。

开关闭合前,电容相当于开路,$u_C(0_-) = 5\ V$。

根据换路定理可知,$u_C(0_+) = u_C(0_-) = 5\ V$。

换路后瞬间将电容用一个 5 V 电压源来等效替换,则等效电路如图 5 – 19(b)所示。

$$i_1(0_+) = \frac{u_C(0_-)}{R_1} = \frac{5\ V}{5\ \Omega} = 1\ A$$

(2)求稳态值。

$t \to \infty$,电路进入稳态,电容相当于开路,其等效电路如图 5 – 19(c)所示。则稳态值为

$$u_C(\infty) = \frac{R_1}{R_1 + R_2} U_S = \frac{5\ \Omega}{5\ \Omega + 5\ \Omega} \times 5\ \text{V} = 2.5\ \text{V}$$

$$i_1(\infty) = \frac{u_C(\infty)}{R_1} = \frac{2.5\ \text{V}}{5\ \Omega} = 0.5\ \text{A}$$

(3)求时间常数。

电路换路后从电容 $C$ 两端看过去的戴维南等效电路的等效电阻如图 5 – 19(d)所示。时间常数为

$$\tau = R_i C = \frac{5\ \Omega \times 5\ \Omega}{5\ \Omega + 5\ \Omega} \times 1\ \text{F} = 2.5\ \text{s}$$

(4)求 $u_C$ 和 $i$。

根据三要素公式求 $u_C(t)$ 和 $i_1(t)$,即

$$
\begin{aligned}
u_C(t) &= u_C(\infty) + (u_C(0_+) - u_C(\infty))\,e^{-\frac{t}{2.5}} \\
&= 2.5\ \text{V} + (5\ \text{V} - 2.5\ \text{V})\,e^{-\frac{t}{2.5}} \\
&= 2.5 + 2.5e^{-0.4t}\ \text{V} \quad (t \geq 0)
\end{aligned}
$$

$$
\begin{aligned}
i_1(t) &= i_1(\infty) + [\,i_1(0_+) - i_1(\infty)\,]\,e^{-\frac{t}{\tau}} \\
&= 0.5\ \text{A} + (1\ \text{A} - 0.5\ \text{A})\,e^{-\frac{t}{2.5}} \\
&= 0.5 + 0.5e^{-0.4t}\ \text{A} \quad (t \geq 0)
\end{aligned}
$$

【例 5 – 8】　如图 5 – 20 所示电路,$t < 0$ 时电路已处于稳态,$t = 0$ 时开关闭合,求 $i_L(t)$ $(t \geq 0)$。

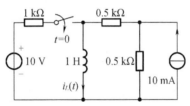

图 5 – 20　【例 5 – 8】图

解　(1)求初始值 $i_L(0+)$。

$$i_L(0+) = i_L(0-) = \frac{1}{2} \times 10\ \text{mA} = 5\ \text{mA}$$

(2)求稳态值 $i_L(\infty)$。

$$i_L(\infty) = \frac{1}{2} \times 10\ \text{mA} + \frac{10\ \text{V}}{1\ \text{k}\Omega} = 15\ \text{mA}$$

(3)求时间常数 $\tau$。

$$R_i = (0.5\ \text{kW} + 0.5\ \text{kW}) /\!/ 1\ \text{kW} = 0.5\ \text{kW}$$

$$\tau = L/R_i = 2\ \text{ms}$$

(4)将它们代入三要素公式得

$$
\begin{aligned}
i_L(t) &= i_L(\infty) + [\,i_L(0_+) - i_L(\infty)\,] \\
&= 15 + (5 - 15)\,e^{-500t} \\
&= 15 - 10e^{-500t}\ \text{mA} \quad (t \geq 0)
\end{aligned}
$$

**【重点串联】**

1. 动态电路暂态过程产生的原因

电路含有动态元件和发生换路。

2. 换路定理

在换路瞬间,电容电流为有限值时,其电压不能跃变;电感电压为有限值时,其电流不能跃变,即

$$u_C(0_+) = u(0_-), i_L(0_+) = i_L(0_-)$$

3. 初始值

初始值是指换路后瞬间 $t = 0_+$ 时刻的电压、电流值。

求初始值的步骤如下:

(1)由换路前($t = 0_-$ 时刻)电路,求 $u_C(0_-)$ 和 $i_L(0_-)$;

(2)由换路定理得出 $u_C(0_+)$ 和 $i_L(0_+)$;

(3)做 $t = 0_+$ 时刻等效电路,在 $t = 0_+$ 时刻,电容可置换为一量值与 $u_C(0_+)$ 相等、方向一致的电压源,电感可置换为一量值与 $i_L(0_+)$ 相等、方向一致的电流源;

(4)由 $t = 0_+$ 时刻电路求解所需的 $u(0_+)$ 和 $i(0_+)$。

4. 零输入响应和零状态响应及全响应

(1)零输入响应

动态电路在换路后,无独立电源的作用情况下,仅由初始储能引起的响应。

(2)零状态响应

动态电路在换路前无初始储能,仅在外加激励作用下引起的响应。

(3)全响应

外加激励和初始储能共同作用引起的响应。

5. 三要素表达式

在直流激励作用下,任何一阶电路的响应都可由 $f(0_+)$,$f(\infty)$ 和 $\tau$ 三个要素确定,从而得到一阶电路的全响应,这种方法就称为三要素法。三要素的表达式为

$$f(t) = f(\infty) + [f(0_+) - f(\infty)] e^{-\frac{t}{\tau}}$$

(1)初始值 $f(0_+)$

根据换路前电容电压 $u_C(0_-)$ 或电感电流 $i_L(0_-)$,由换路定理求得初始值 $u_C(0_+) = u_C(0_-)$ 或 $i_L(0_+) = i_L(0_-)$。然后做换路瞬间的等效电路,将电容换成电压为 $u_C(0_+)$ 的电压源,将电感换成电流为 $i_L(0_+)$ 的电流源,从而求其他初始值。

(2)稳态解为 $f(\infty)$

换路后,$t \to \infty$,电路进入稳态,直流激励作用下,电容视为开路,电感视为短路。画出 $t \to \infty$ 时等效电路,求出稳态值 $f(\infty)$。

(3)时间常数 $\tau$

一阶 RC 电路的时间常数 $\tau = R_i C$,一阶 RL 电路的时间常数 $\tau = \dfrac{L}{R}$,其中 $R_i$ 为换路后电容或电感两端看进去的戴维南等效电路的等效电阻。

# 习　题　5

## 一、填空题

1. 暂态是指从一种_____态过渡到另一种_____态所经历的过程。

2. 一阶电路是指用_____阶微分方程来描述的电路。

3. 动态电路及其暂态过程产生的原因:电路_____和_____。

4. 在电路中,电源的突然接通或断开,电源瞬时值的突然跳变,某一元件的突然介入或被移去等,统称为_____。

5. 换路定律指出:一阶电路发生换路时,状态变量不能发生跳变。该定律用公式可表示为_____和_____。

6. 电容充放电的快慢与_____有关,其中 $C$ 越大则充放电速度越_____。

7. 一阶电路的三要素法中的三要素指的是_____、_____和_____。

8. 求三要素法的稳态值 $f(\infty)$ 时,应该将电感 $L$ _____处理,电容 $C$ _____处理,然后求其他稳态值。

9. 一阶 RC 电路的时间常数 $\tau =$ _____,一阶 RL 电路的时间常数 $\tau =$ _____。时间常数 $\tau$ 的取值决定于电路的_____和_____。

10. 由时间常数可知,在一阶 RL 电路中,$L$ 一定时,$R$ 值越大过渡过程进行的时间就越_____。

## 二、选择题

1. 下列说法正确的是_____。

A. 电感电压为有限值时,电感电流可以跃变

B. 电感电流为有限值时,电感电压不能跃变

C. 电容电压为有限值时,电容电流不能跃变

D. 电容电流为有限值时,电容电压不能跃变

2. 通常在下列哪种电路中,电容开路处理,电感短路处理_____。

A. 暂态　　　　　　　　　　B. 稳态

C. 过渡过程　　　　　　　　D. 以上均可

3. 工程上认为 $R = 25\ \Omega$，$L = 50\ \text{mH}$ 的串联电路中发生暂态过程时将持续_____。

A. 30 ~ 50 ms　　　　　　　B. 37.5 ~ 62.5 ms

C. 6 ~ 10 ms　　　　　　　　D. 10 ~ 15 ms

4. 如图 5 - 21 所示,电路换路前已达稳态,在 $t = 0$ 时断开开关 S,则该电路_____。

A. 电路没有储能元件,不会产生过渡过程

B. 电路有储能元件 $C$ 且发生换路,要产生过渡过程

C. 因为换路时元件 $C$ 的电压储能不发生变化,所以该电路不产生过渡过程

D. 不确定

5. 如图 5 - 22 所示,在开关闭合瞬间,不发生跃变的量是_____。

A. $i_L$ 和 $i_C$ 　　　　　　　　　B. $i_L$ 和 $u_1$

C. $i_2$ 和 $i_L$ 　　　　　　　　　　　　D. $u_L$ 和 $i_C$

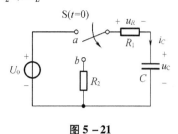

图 5 – 21

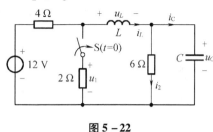

图 5 – 22

6. 如图 5 – 23 所示,电路处于稳态,在 $t = 0$ 时刻开关断开,则 $u_C(0_+)$ 等于_____。

A. 2 V 　　　　　　　　　　　　　　B. 3 V

C. 4 V 　　　　　　　　　　　　　　D. 0 V

7. 如图 5 – 24 所示,电路已处于稳态,$t = 0$ 时开关断开,则 $i(0_+)$ 等于_____。

A. – 1 A 　　　　　　　　　　　　　B. – 2 A

C. 1 A 　　　　　　　　　　　　　　D. 2 A

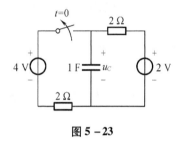

图 5 – 23

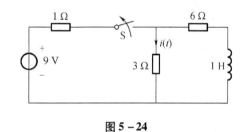

图 5 – 24

8. RC 一阶电路的全响应 $u_C = (10 - 6e^{-10t})$ V,若仅将电容的初始储能增加一倍,则相应 $u_C$ 变为_____。

A. $10 - 2e^{-10t}$ 　　　　　　　　　B. $10 + 2e^{-10t}$

C. $20 + 15e^{-10t}$ 　　　　　　　　D. $20 - 15e^{-10t}$

9. 由动态元件的初始储能所产生的响应_____。

A. 仅有稳态分量

B. 仅有暂态分量

C. 既有稳态分量,又有暂态分量

D. 既无稳态分量,又无暂态分量

10. 无初始储能的动态电路在外加激励作用下引起的响应_____。

A. 仅有稳态分量

B. 仅有暂态分量

C. 既有稳态分量,又有暂态分量

D. 既无稳态分量,又无暂态分量

## 三、计算题

1. 如图 5 – 25 所示,$t = 0_-$ 时电路已达稳态,$t = 0$ 时开关 S 打开,求 $t = 0_+$ 时刻电容电压。

2. 如图 5 − 26 所示, 直流电源激励下的动态电路, 已知 $U_S = 20$ V, $R_1 = 10$ Ω, $R_2 = 30$ Ω, $R_3 = 20$ Ω, 开关 S 打开时, 电路处于稳态。$t = 0$ 时 S 闭合, 求 S 闭合瞬间各电压、电流的初始值。

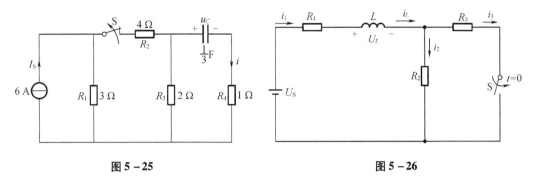

图 5 − 25　　　　　　　　　　　　　　　图 5 − 26

3. 如图 5 − 27 所示, 已知 $E = 5$ V, $R_1 = 20$ kW, $R_2 = 30$ kW, $C = 50$ mF, 开关 S 闭合前, 电容两端电压为零。求 S 闭合后电容元件上的初始值和稳态值。

4. 如图 5 − 28 所示, $t = 0$ 时开关闭合, 求 $t \geqslant 0$ 时的 $i_L(t)$。

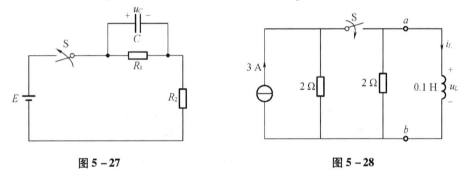

图 5 − 27　　　　　　　　　　　　　　　图 5 − 28

5. 如图 5 − 29 所示, 开关动作前电路已达稳态, $t = 0$ 时开关 S 拨到下方, 求 $t \geqslant 0_+$ 时的 $i_L(t)$ 和 $u_L(t)$。

6. 如图 5 − 30 所示, 电路已处于稳态。$t = 0$ 时开关由 1 拨向 2, 求 $t \geqslant 0$ 时的 $u_C(t)$ 和 $i_C(t)$。

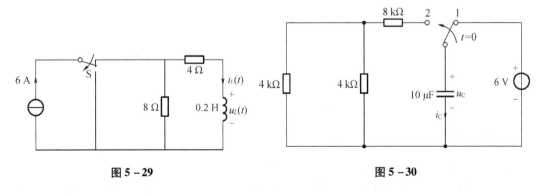

图 5 − 29　　　　　　　　　　　　　　　图 5 − 30

7. 如图 5 − 31 所示, 电路 $t = 0$ 时刻开关 S 闭合, 开关闭合前电路处于未充电, 求开关闭合后经 1 ms 时间的电容电压。

8. 如图 5 − 32 所示, 已知 $U_S = 12$ V, $R_1 = 3$ kΩ, $R_2 = 6$ kΩ, $R_3 = 2$ kΩ, $C = 5$ μF, 开关 S 闭合前电容未充过电, $t = 0$ 时开关闭合。求时间常数 $\tau$, 及 $t \geqslant 0$ 时的 $u_C(t)$ 和 $i_C(t)$。

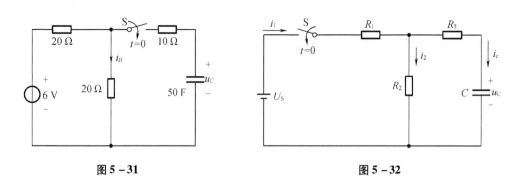

| 图 5 - 31 | 图 5 - 32 |

9. 如图 5 - 33 所示,已知电感电流 $i_L(0_-)=0$,$t=0$ 时闭合开关,求 $t\geq0$ 的电感电流和电感电压。

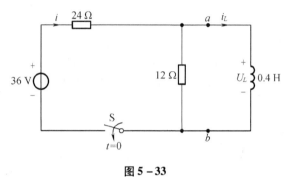

图 5 - 33

10. 如图 5 - 34 所示,电路处于稳定状态,$t=0$ 时开关闭合,求 $t\geq0$ 时的 $u_C(t)$。

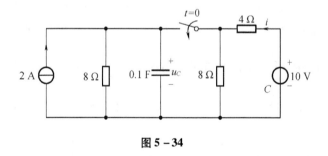

图 5 - 34

# 习题 5 参考答案

## 一、填空题

1. 稳,稳  2. 一  3. 含有动态元件,发生换路  4. 换路

5. $i_L(0_+)=i_L(0_-)$,$u_C(0_+)=u_C(0_-)$  6. 时间常数,快  7. 初始值,稳态值,时间常数

8. 短路,开路  9. RC,L/R,结构,电路参数  10. 短

## 二、选择题

1. D  2. B  3. C  4. B  5. C  6. B  7. A  8. A  9. B  10. A

# 第6章　电机与电器

## 【本章要点】

前几章主要讨论了电路的基本分析与计算,本章介绍常用的电工设备(如变压器、电动机和各种低压电器)的工作原理和使用方法。这些电工设备不仅涉及电路的分析问题,同时还涉及磁路的问题,只有同时掌握电路和磁路的基本理论,才能对电工设备做全面的分析。

## 6.1　磁路与变压器

在电工设备中常用磁性材料做成一定形状的铁芯,通常把线圈绕在铁芯上,当线圈中通过电流时,产生的磁通绝大部分通过铁芯构成的闭合路径,这种人为造成的磁通的闭合路径,称为磁路。图6-1(a)、图6-1(b)和图6-1(c)分别为电磁铁、变压器和四级直流电机的磁路。磁通经过铁芯(磁路的主要部分)和空气隙(有的磁路中没有空气隙)而闭合。

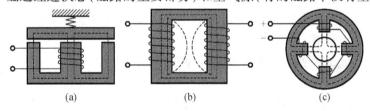

**图6-1　磁路举例**
(a)电磁铁的磁路;(b)变压器的磁路;(c)四级直流电机的磁路

### 6.1.1　磁路的基本知识

1.磁路的基本物理量

变压器既有磁路问题,又有电路问题。所谓磁路问题,即是局限于一定路径内的磁场问题。表征磁场的基本物理量一般有以下几个。

(1)磁感应强度 $B$

磁感应强度 $B$ 是指单位正电荷以单位速度运动时,在磁场中某点所受到的磁场力。它是一个矢量,单位是韦伯/平方米(Wb/m²),通常称为特斯拉(T)。

电流产生的磁场和该电流之间的方向关系,可用右手螺旋定则判定,如图6-2所示。

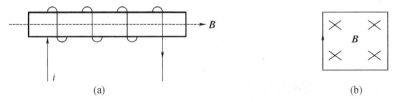

**图6-2　磁感应强度和电流之间的右手螺旋关系**

（2）磁通 $\Phi$

磁感应强度 $B$ 对面积 $S$ 的积分即为穿过此面积的磁通量,简称磁通。用公式表示如下:

$$\Phi = \int_S B \cdot \mathrm{d}S$$

磁通的单位是伏·秒(V·s),通常称为韦伯(Wb)。

若为均匀磁场(即磁场内各点的磁感应强度大小、方向均相同的磁场),则

$$\Phi = BS \text{ 或 } B = \frac{\Phi}{S}$$

所以,磁感应强度 $B$ 又称磁通密度,所谓磁通密度即是单位面积内垂直通过的磁通量。这是从另一个角度对磁感应强度 $B$ 进行定义。

（3）磁场强度 $H$

磁场强度 $H$ 是表征某点的磁场强弱和方向的物理量,也是矢量,单位是安[培]/米。磁场强度 $H$ 是由磁感应强度 $B$ 导出的一个物理量,其方向和 $B$ 的方向相同,但磁场强度的大小与其所处的媒质有关。通过磁场强度 $H$,可把磁场和电流之间的关系联系起来,这即是安培环路定律,用公式表示如下:

$$\oint_l H \cdot \mathrm{d}l = \sum I$$

上式的意义是:磁场强度 $H$ 对某闭合环路的积分即是该闭合环路 $l$ 所围电流的代数和。电流的正、负是由右手螺旋关系来确定的。若电流方向和环路,符合右螺旋关系,则电流为正值,相反则为负值。

以图 6 – 3 所示的磁路为例,根据安培环路定律,可得出

$$Hl = NI$$

式中,$H$ 是磁路的磁场强度大小;$l$ 是磁路(闭合回线)的平均长度;$N$ 是线圈的匝数;$I$ 是线圈中的电流。

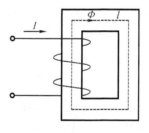

图 6 – 3　磁路

上式中,线圈的匝数与电流的乘积 $NI$ 称为磁通势(简称磁势),单位为 A。磁通就是由磁势产生的,且随磁势的变化而变化。

（4）磁导率 $\mu$

磁导率 $\mu$ 是用来衡量物质的导磁能力的物理量。在各向同性的均匀线性媒质中,有

$$B = \mu H$$

由上式可导出磁导率的单位为欧·秒(Ω·s),通常称亨[利]/米(H/m)。

由实验可测出真空中的磁导率为

$$\mu_0 = 4\pi \times 10^{-7} \text{ H/m}$$

为了计算方便,其他物质的磁导率 $\mu$ 则用其和 $\mu_0$ 的比值,即相对磁导率 $\mu_r$ 来表示。即

$$\mu_r = \frac{\mu}{\mu_0}$$

**2. 磁性材料的磁性能**

磁性材料主要是指铁、钴、镍及其合金等,它们具有下列磁性能。

(1)高导磁性

非磁性材料的磁导率很小,和真空磁导率相差不大。而磁性材料的磁导率很高,其相对磁导率 $\mu_r \gg 1$,可达几百、几千甚至几万。例如,铸铁的 $\mu_r$ 可达200,而硅钢的 $\mu_r$ 则可达8 000之多。

正是由于高导磁性,在具有铁芯的线圈中通入不大的励磁电流,便可产生足够大的磁通和磁感应强度,这就解决了电机当中既要磁通大,又要励磁电流小的矛盾。

(2)磁饱和性

把磁性材料放入磁场中,会受到强烈的磁化。设磁场强度大小为 $H$,则磁化曲线($B$–$H$ 曲线)如图 6–4 所示。起初,$B$ 与 $H$ 接近成正比地增加。但随着 $H$ 的增加,$B$ 的增加缓慢下来,最后趋于磁饱和。

(3)磁滞性

当套在铁芯上的线圈通有交变电流时,铁芯将受到交变磁化。在电流交变一周的过程中,磁感应强度 $B$ 随磁场强度 $H$ 变化的关系如图 6–5 所示。

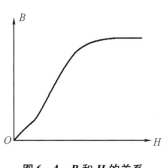

图 6–4　$B$ 和 $H$ 的关系

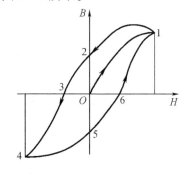

图 6–5　磁滞回线

由图 6–5 可见,当磁场强度 $H$ 减小到零值时,磁感应强度 $B$ 并未回到零值,我们把 $B$ 的变化滞后于 $H$ 的变化的这种性质称为磁性材料的磁滞性。图 6–5 所示的曲线称为磁滞回线。磁性材料不同,其磁滞回线也不同。

## 6.1.2　铁芯线圈电路

**1. 电磁关系**

把线圈绕在铁芯上便组成铁芯线圈,根据线圈励磁电源的不同,可分为直流铁芯线圈和交流铁芯线圈。

将交流铁芯线圈接到交流电源上,即形成交流铁芯线圈电路。由于线圈中通过交流电流,在线圈和铁芯中将产生感应电动势。为了减小涡流,交流铁芯线圈的铁芯应该是叠片状。

图 6–6 所示为一带铁芯的线圈,线圈为 $N$ 匝,下面来讨论其中的电磁关系。当外加交

流电压 $u$ 时,线圈中便产生交流励磁电流 $i$。磁动势 $Ni$ 产生的磁通绝大部分通过铁芯而闭合,这部分磁通称为主磁通 $\Phi$;此外还有很小的一部分磁通主要通过空气或其他非导磁媒介质而闭合,这部分磁通称为漏磁通 $\Phi_\sigma$。在交流铁芯线圈电路中,由磁动势 $Ni$ 产生两部分交变磁通,即主磁通 $\Phi$ 和漏磁通 $\Phi_\sigma$。图 6-6 中两个电动势与主磁通 $\Phi$ 参考方向之间复合右手螺旋定则。

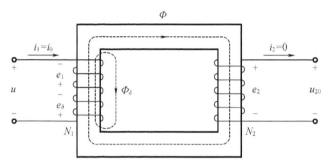

图 6-6　交流铁芯线圈电路

由电磁感应定理可知,主磁感应电动势为

$$e = -N\frac{\mathrm{d}\Phi}{\mathrm{d}t}$$

漏磁感应电动势为

$$e_\sigma = -N\frac{\mathrm{d}\Phi_\sigma}{\mathrm{d}t}$$

由基尔霍夫电压定理可得铁芯线圈的电压方程式为

$$e + e_\sigma + u = Ri$$

式中,$R$ 为线圈电阻。由于线圈电阻上的电压为 $Ri$,漏磁电动势 $e_\sigma$ 与主磁电动势 $e$ 相比较都非常小,故可忽略不计,上式可写成

$$u = -e$$

设 $\Phi = \Phi_\mathrm{m}\sin\omega t$,则有

$$e = -N\frac{\mathrm{d}\Phi}{\mathrm{d}t} = -\omega N\Phi_\mathrm{m}\cos\omega t = \omega N\Phi_\mathrm{m}\sin(\omega t - 90°)$$

式中,$\Phi_\mathrm{m}$ 为主磁通最大值;$N$ 为线圈匝数。由上式可见,主磁感应电动势的有效值为

$$E = \frac{N\Phi_\mathrm{m}\omega}{\sqrt{2}} = 4.4fN\Phi_\mathrm{m}$$

根据 $U \approx E$,所以在忽略线圈电阻与漏磁通的条件下,主磁通的幅值 $\Phi_\mathrm{m}$ 与线圈外加电压有效值 $U$ 的关系为

$$U \approx E = 4.4fN\Phi_\mathrm{m}$$

上式表明,当线圈匝数 $N$ 及电源频率 $f$ 一定时,主磁通的幅值 $\Phi_\mathrm{m}$ 由励磁线圈外加的电压有效值 $U$ 确定,反映了交流铁芯线圈电路的基本电磁关系,它是分析计算交流磁路的重要依据,是一个重要的公式。

　2. 功率损耗

变压器的损耗分为铜损和铁损两部分。

（1）铜损

变压器一、二次绕组电阻 $r$ 上的损耗称为铜损，用 $\Delta P_{Cu}$ 表示。其计算式为

$$\Delta P_{Cu} = I_1^2 r_1 + I_2^2 r_2$$

一般情况下，铜损又称为短路损耗。这是因为在额定电流下短路时，所需外加电压很小，故铁芯中主磁通很小，铁损可略去不计，此时损耗主要为铜损。铜损 $\Delta P_{Cu}$ 随电流变化而变化。

（2）铁损

铁损是变压器空载时从电网吸取的有功功率，故又称为空载损耗，用 $\Delta P_{Fe}$ 表示。铁损主要包含磁滞损耗 $\Delta P_h$ 和涡流损耗 $\Delta P_e$ 两部分，即

$$\Delta P_{Fe} = \Delta P_h + \Delta P_e$$

①磁滞损耗 $\Delta P_h$

前已述及，磁性材料具有磁滞性，而磁滞损耗是由于磁性材料具有磁滞性而产生的损耗。可以证明：交变磁化一周，在铁芯的单位体积内所产生的磁滞损耗的大小与图 6-5 所示磁滞回线所围面积成正比。因此，为减小磁滞损耗，应选用磁滞回线所围面积小的材料来制造变压器的铁芯。硅钢正是这样的材料之一。

②涡流损耗 $\Delta P_e$

当铁芯线圈中通有交流电时，铁芯内将产生交变磁通。该磁通除了在线圈中产生感应电动势外，在铁芯内也要产生感应电动势和感应电流，此感应电流即为涡流。它在垂直于磁通方向的铁芯平面内环流着，如图 6-7（a）所示。涡流引起铁芯发热而产生的损耗，称为涡流损耗。为减小涡流及其引起的损耗，常将铁芯用彼此绝缘的硅钢片叠成。这样即可限制涡流只能在较小的截面内流通，以增大涡流流通路径的电阻，如图 6-7（b）所示。同时，又因硅钢片中含有少量的硅，其电阻率较大，也可使涡流减小，从而减小涡流损耗。

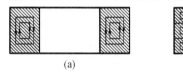

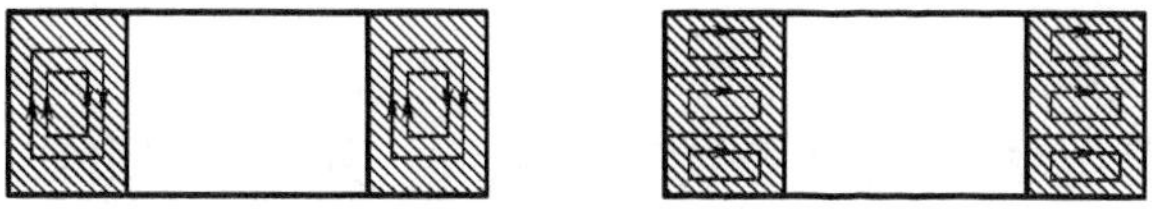

(a)           (b)

图 6-7　铁芯内的涡流

综上所述可知，变压器有载运行时的损耗为

$$\Delta P = \Delta P_{Cu} + \Delta P_{Fe} = I_1^2 r_1 + I_2^2 r_2 + \Delta P_h + \Delta P_e$$

实际上，铁损几乎与铁芯内的磁感应强度的幅值 $B_m$ 的二次方成正比，故 $B_m$ 不宜过大，一般取 $0.8 \sim 1.2$ T。

3. 变压器的效率

变压器的效率常用下式确定：

$$\eta = \frac{P_2}{P_1} = \frac{P_2}{P_2 + \Delta P_{Cu} + \Delta P_{Fe}} \times 100\%$$

式中，$P_2$ 为变压器带负载运行时二次侧的输出功率；$P_1$ 为变压器带负载运行时一次侧的输入功率。变压器的效率通常为 95% 以上。

### 6.1.3　变压器

变压器是利用电磁感应原理，将某一等级电压的交流电能变换为同频率的另一等级电

压的交流电能的电气设备。它既可实现电压、电流变换,也可实现阻抗、相数变换和信号传递等,因而变压器也是电子设备中的常用器件。

1. 变压器分类

变压器有多种分类方法,按用途可分为电力变压器、调压变压器、仪用互感器等;按相数可分为单相变压器和三相变压器;按绕组数目可分为双绕组变压器、三绕组变压器等;按铁芯结构可分为壳式变压器和心式变压器。其他分类方法可参见别的书籍。图6-8是一台三相油浸式电力变压器的外形。其结构主要分为铁芯、绕组、绝缘结构和油箱等几大部分。

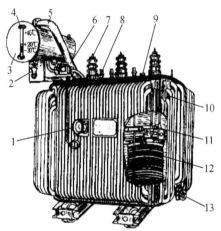

**图6-8 三相油浸式电力变压器的外形**

1—信号温度计;2—吸湿器;3—储油柜;4—油表;5—安全气道;6—气体继电器;7—高压套管;
8—低压套管;9—分接开关;10—油箱;11—铁芯;12—绕组;13—放油阀门

2. 变压器的基本结构

各种变压器,尽管用途不同,但基本结构都相同,其主体都由铁芯和绕组两大部分组成。铁芯和绕组合称为变压器的器身。

(1)铁芯

铁芯是变压器的磁路部分,又作为绕组的支撑骨架。铁芯由铁芯柱(外面套绕组的部分)和铁轭(连接两个铁芯柱的部分)组成。铁芯的基本结构有心式和壳式两种,如图6-9所示。

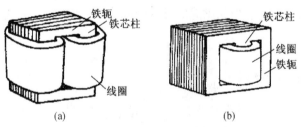

**图6-9 心式变压器和壳式变压器**

(a)心式变压器;(b)壳式变压器

心式结构的特点是绕组包围着铁芯,如图6-9(a)所示。这种结构比较简单,绕组的装配及绝缘也比较容易,适用于容量大而电压高的变压器,国产电力变压器均采用心式结构。

壳式结构的特点是铁芯包围着绕组,如图6-9(b)所示。这种结构的机械强度较好,但外层绕组的铜线用量较多,制造工艺又复杂,一般很少使用。

为提高铁芯的导磁性能,变压器多采用硅钢材料制成;为减小铁芯的磁滞损耗,应选用磁滞回线狭小的硅钢材料;为减小铁芯的涡流损耗,铁芯多采用厚度为0.35 mm,表面涂有绝缘漆的硅钢片叠装而成。同时,为了减小叠片接缝处的间隙,铁芯的叠装采用交错式,即把铁芯柱和铁轭的硅钢片一层层地交错重叠。

3. 变压器的工作原理

单项变压器完全适用于三相变压器对称运行时每一项的情况。为便于分析,把高压绕组和低压绕组分别画在铁芯两侧(图6-10),与电源相连的一边称为一次绕组,与负载相连的称为二次绕组。

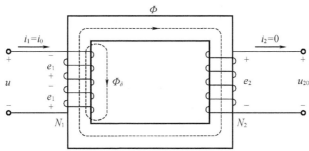

**图6-10　变压器空载运行示意图**

(1)空载运行和电压变换

把变压器的一次绕组接上交流电压$u_1$,而二次绕组开路(即不接负载)(图6-10),这种状态称为空载运行。此时,二次绕组电流$I_2 = 0$,电压为开路电压$U_{20}$,一次绕组通过电流为$I_{10}$,此电流称为空载电流,空载电流比额定电流小很多,为额定电流的3%~8%。

设主磁通为$\Phi = \Phi_m \sin \omega t$,一次绕组和二次绕组感应电动势的有效值分别为

$$E_1 = 4.4 f N_1 \Phi_m$$
$$E_2 = 4.4 f N_2 \Phi_m$$

由于采用铁磁材料做磁路,漏磁很小,可以忽略。空载电流很小,一次绕组上的压降也可以忽略。一次绕组、二次绕组的端电压近似等于一次绕组、二次绕组电动势,即$U_1 = E_1$,$U_2 = E_2$。所以一次绕组、二次绕组的电压之比为

$$\frac{U_1}{U_2} \approx \frac{E_1}{E_2} = \frac{4.4 f N_1 \Phi_m}{4.4 f N_2 \Phi_m} = \frac{N_1}{N_2} = K$$

式中,$K$称为变压器的变比,即一次绕组、二次绕组的匝数比。可见,当电源电压$U_1$一定时,只要改变匝数比,就可得出不同的输出电压$U_2$。

(2)负载运行和电流变换

变压器的二次绕组接上负载,称为负载运行。此时,二次绕组中的电流为$I_2$,一次绕组电流由$I_{10}$增加为$I_1$,如图6-11(a)所示。一次绕组、二次绕组的电阻和铁芯的磁滞损耗、涡流损耗都会损耗一定的能量,但该能量通常远小于负载消耗的能量,可以忽略。这样,可以认为变压器输入功率等于负载消耗的功率,即

$$U_1 I_1 = U_2 I_2$$

由此可以得出

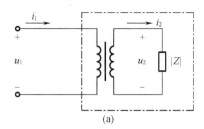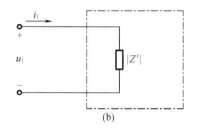

图 6 – 11　变压器的阻抗变换

$$\frac{I_1}{I_2} = \frac{U_2}{U_1} = \frac{N_2}{N_1} = \frac{1}{K}$$

由上式可知,当变压器负载运行时,一次绕组、二次绕组电流之比等于其匝数之比的倒数。改变一次绕组、二次绕组的匝数就可以改变一次绕组。二次绕组电流的比值,就是变压器的电流变换作用。

(3)阻抗变换作用

前面介绍变压器具有电压变换和电流变换作用,此外,变压器还有阻抗变换的作用,以实现阻抗匹配,即负载上能获得最大功率。如图 6 – 11(a)所示,变压器一次绕组接电源 $u_1$,二次绕组接负载阻抗模 $|Z|$,对于电源来说,用图 6 – 11(b)中的虚线内的等效阻抗 $|Z'|$ 来等效代替图 6 – 11(a)中的变压器 T 和 $|Z|$。所谓等效,就是它们从电源吸收的电流和功率相等,等效阻抗模可由下式计算得出

$$|Z'| = \frac{U_1}{I_1} = \frac{(N_1/N_2)U_2}{(N_2/N_1)U_2} = \frac{N_2}{N_1}|Z| = K^2|Z|$$

匝数比不同,实际负载阻抗模 $|Z|$ 折算到一次侧的等效阻抗 $|Z'|$ 也不同。可以用不同的匝数比把实际负载变换为所需要的比较合适的数值,这种做法通常称为阻抗匹配。

【例 6 – 1】　图 6 – 12 为某型号的收音机阻抗匹配示意图,若交流信号源的有效值 $E = 10\ \text{V}$,内阻 $R_0 = 8\ \Omega$,负载电阻 $R_L = 2\ \Omega$。试求:(1)使匹配阻抗 $R'_L = R_0 = 8\ \Omega$ 时的匝数比 $k$ 和信号源的输出功率;(2)若无变压器,将负载与信号源直接相连,此时信号的输出功率又为多少?

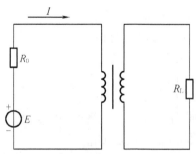

图 6 – 12　某型号收音机阻抗匹配示意图

解　(1)
$$k = \frac{N_1}{N_2} = \sqrt{\frac{R'_L}{R_L}} = \sqrt{\frac{8}{2}} = 2$$

信号源的输出功率为
$$P_1 = \left(\frac{E}{R_0 + R'_L}\right)R'_L = \left(\frac{10}{8+8}\right)^2 \times 8\ \text{W} = 3.125\ \text{W}$$

（2）负载直接与信号源相连时,信号源的输出功率为

$$P_1 = \left(\frac{10}{8+2}\right)^2 \times 2 \text{ W} = 2 \text{ W}$$

达到阻抗匹配时,负载获得的功率最大。

**4. 常用变压器及额定值**

（1）自耦变压器

自耦变压器即为一次侧、二次侧共用一部分绕组的变压器,其电路原理如图 6 - 13 所示。

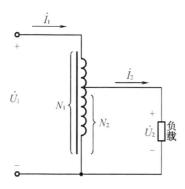

**图 6 - 13　自耦变压器的电路原理**

自耦变压器也有升压和降压之分。图 6 - 13 是一降压自耦变压器,其分析方法同前已述及的单相变压器。那么,利用前面的分析方法,可得自耦变压器的电压、电流变换关系分别如下两式:

$$\frac{U_1}{U_2} = \frac{N_1}{N_2} = K$$

$$\frac{I_1}{I_2} = \frac{N_2}{N_1} = \frac{1}{K}$$

自耦变压器的功率传递关系,也和单相变压器的分析一样,其损耗可忽略。不同的是,自耦变压器传送到二次侧的功率可以分为两部分,一部分是经过电磁耦合关系传递的,另一部分则是通过直接联系的电路部分传递的。那么,自耦变压器的额定容量与单相或三相变压器不同。自耦变压器的额定容量在此指的是其一次侧输入的能量,而通过电磁感应传递到二次侧的能量则称为计算容量（或绕组容量）。额定容量与绕组容量之差即为通过电路传递的能量。若把自耦变压器做成可调的,即把图 6 - 13 中二次侧的抽头做成可滑动的,那么只要滑动此抽头,就可改变二次侧绕组的匝数 $N_2$,以此改变电压比 $K$,从而使二次电压 $U_2$ 可调,有此功能的自耦变压器称为调压器。

从以上分析可见,与普通变压器相比,自耦变压器有用料省、造价低、效率高、体积小、质量轻等优点,缺点是一次侧、二次侧之间除了有磁耦合关系外,还有电的联系,这就使得一次侧电源的干扰或波动会直接传到二次侧,影响负载。因此,使用自耦变压器时必须采取措施来防范这种情况。

（2）自耦调压器

在实际应用中为了得到连续可调的交流电压,可将自耦变压器的铁芯做成圆形,副边抽头做成滑动的触头,可自由滑动。

（3）使用自耦变压器、自耦调压器的注意事项

一次绕组、二次绕组不能对调使用，否则可能会烧坏绕组，甚至造成电源短路；接通电源前，应先将滑动触头调到零位，接通电源后再慢慢转动手柄，将输出电压调至所需值。

（4）变压器的额定容量

变压器的额定电压与额定电流的乘积称为变压器的额定容量，也称额定视在功率，用 $S_N$ 表示，其单位为 VA 或 kVA。

在额定运行（即二次侧带额定负载）情况下，变压器的损耗可忽略不计，则有

$$S_N = U_{1N}I_{1N} - U_{2N}I_{2N}$$

式中，$U_{1N}$，$U_{2N}$ 分别为一次侧、二次侧的额定电压；$I_{1N}$，$I_{2N}$ 分别为一次侧、二次侧的额定电流。

需要注意的是，功率因数 $\cos \varphi \neq 1$ 时，额定容量与输出功率（有功功率）不同。

# 6.2　三相交流异步电动机

电机包括发电机和电动机。电动机是将电能转换为机械能，以机械转矩的形式输出的电机。

电动机按照消耗电能的种类分为直流电动机和交流电动机；交流电动机按工作原理（定转子旋转磁场是否同步）分为异步电动机和同步电动机，异步电动机按所接电源的相数又分为共相异步电动机和单相异步电动机。

同步电动机主要应用于功率较大、无须调速、长期工作的各种生产机械，如压缩机、水泵、通风机。异步电动机在工农业、交通运输、国防工业及其他各行业中广泛应用，其原因在于异步电动机结构简单、制造方便、运行可靠、价格便宜等一系列优点。但是，异步电动机也有一些缺点，最主要的是不能经济地实现范围较广的平滑调速。

## 6.2.1　三相异步电动机的构造和转动原理

电机都是由固定不动的定子和可以转动的转子两大部分组成。图 6 – 14 是三相异步电动机的构造。

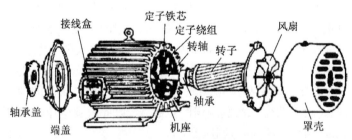

图 6 – 14　三相异步电动机的构造

1. 三相异步电动机的结构

三相异步电动机由定子和转子两个基本部分组成。图 6 – 14 所示为一台笼型电动机拆散后的状况。

（1）三相异步电动机定子结构

三相异步电动机的定子由机座、定子铁芯、定子绕组和端盖等组成。机座是铸铁或铸

钢制成的。铁芯由彼此绝缘的硅钢片(图6-15)叠成圆筒形,装在机座内。铁芯内壁冲有许多均匀分布的槽,槽内嵌放着由绝缘导线制成的三相绕组$AX(U_1U_2)$,$BY(V_1V_2)$,$CZ(W_1W_2)$,它们与三相同步发电机的定子三相绕组一样,匝数、形状和尺寸都相同,而轴线在空间互差120°电气角度的3个绕组。$A(U_1)$,$B(V_1)$,$C(W_1)$是它们的首端(一组同极性端),$X(U_2)$,$Y(V_2)$,$Z(W_2)$是它们的末端(另一组同极性端),三相绕组的6个出线端都引到机座外侧接线盒内的接线柱上。接线柱的布置如图6-16所示。图6-16(a)是定子三相绕组连接成星形的方法,图6-16(b)是定子三相绕组连接成三角形的方法。端盖固定在机座上,用以支撑转子和防护外物的侵入。

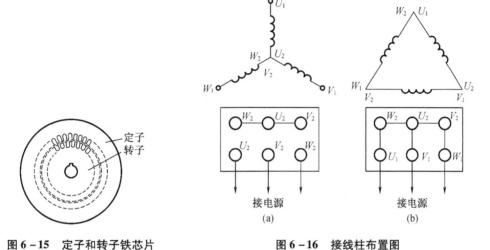

图6-15　定子和转子铁芯片

图6-16　接线柱布置图
(a)星形连接;(b)三角形连接

(2)转子结构

三相异步电动机的转子主要由转子铁芯、转子绕组和转轴等组成。转子铁芯由彼此绝缘的硅钢片(图6-15)叠成圆筒形,固定在转轴上。铁芯外表面冲有许多均匀分布的槽,槽内嵌放着转子绕组。按转子绕组构造的不同,三相异步电动机的转子又分为笼型转子和绕线转子两种。

笼型转子是在转子槽中铸入铜条或铝条,用端环闭合,外形像笼子。额定功率在100 kW以上的笼型异步电动机,转子铁芯槽内嵌放的是铜条,铜条的两端各用一个铜环焊接起来,形成闭合回路(图6-17)。100 kW以下的笼型异步电动机,转子绕组以及做冷却用的风扇则常用铝铸成(图6-18)。笼型异步电动机的构造简单、坚固耐用,所以应用最为广泛。

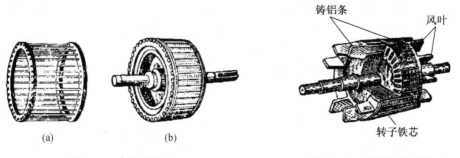

(a)　　　　　　(b)

图6-17　笼型转子
(a)笼型绕组;(b)转子外形

图6-18　铸铝的笼型转子

**2. 三相异步电动机的工作原理**

三相异步电动机工作时,定子三相绕组连接成星形或三角形,接至三相电源,三相电流通过绕组将会产生在空间旋转的磁场,在它的作用下,转子上产生了电磁转矩,从而使转子拖动生产机械旋转,向生产机械输出机械功率。因此,要了解三相异步电动机的工作原理,首先要了解旋转磁场的有关问题。

**(1)旋转磁场的产生**

旋转磁场是由三相电流通过三相绕组产生的,要说明这一问题,只要分析三相电流通过共相绕组时,在不同时刻产生的合成磁场就一目了然。为此,假设三相绕组 $AX(U_1U_2)$,$BY(V_1V_2)$ 和 $CZ(W_1W_2)$ 中通过的气相电流分别为 $i_A$,$i_B$ 和 $i_C$,它们的波形如图 6−19 所示,并选择电流的参考方向是从绕组的首端 $A(U_1)$,$B(V_1)$,$C(W_1)$ 流向末端 $X(U_2)$,$Y(V_2)$,$Z(W_2)$ 的。

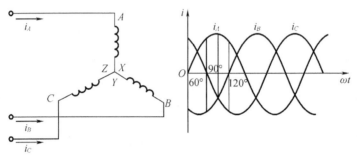

**图 6−19  三相对称电路通入三相对称绕组**

$$i_A = I_m \sin \omega t$$
$$i_B = I_m \sin(\omega t - 120°)$$
$$i_C = I_m \sin(\omega t + 120°)$$

当 $\omega t = 0°$ 时,$i_A = 0$,$AX$ 绕组中没有电流;$i_B < 0$,实际方向与参考方向相反,即从末端 $Y$ 流入(用⊗因表示),从首端 $B$ 流出(用⊙表示);$i_C > 0$,实际方向与参考方向相同,即从首端 $C$ 流入,从末端 $Z$ 流出。根据右手螺旋定则,它们产生的合成磁场的方向如图 6−20(a)所示,是一个二极磁场(这就是二极电机名称的由来)。$A$ 端为 N 极,磁场线穿出定子铁芯;$X$ 端为 S 极,磁场线进入定子铁芯。

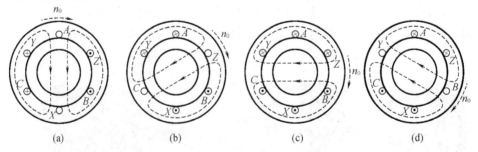

**图 6−20  二极电机旋转磁场产生**
(a)$\omega t = 0°$;(b)$\omega t = 60°$;(c)$\omega t = 90°$;(d)$\omega t = 120°$

当 $\omega t = 60°$ 时,$i_S = 0$,$CZ$ 绕组中没有电流;$i_A > 0$,实际方向与参考方向相同,即从首端 $A$

流入,从末端 $X$ 流出;$i_B<0$,实际方向与参考方向相反,即从末端 $Y$ 流入,从首端 $B$ 流出。根据右手螺旋定则,它们产生的合成磁场的方向如图 6-20(b)所示,是一个二极磁场。$Z$ 端为 N 极,磁场线穿出定子铁芯;$C$ 端为 S 极,磁场线进入定子铁芯。

当 $\omega t=90°$ 时,$i_A>0$,即从首端 $A$ 流入,从末端 $X$ 流出;$i_B<0$,即从末端 $Y$ 流入,从首端 $B$ 流出;$i_C<0$,即从末端 $Z$ 流入,从首端 $C$ 流出,它们产生的合成磁场的方向如图 6-20(c)所示,是一个二极磁场,$BZ$ 中间为 N 极,$CY$ 中间为 S 极。

当 $\omega t=120°$ 时,$i_B=0$,$BY$ 绕组中没有电流;$i_A>0$,实际方向与参考方向相同,即从首端 $A$ 流入,从末端 $X$ 流出;$i_C<0$,实际方向与参考方向相反,即从末端 $Z$ 流入,从首端 $C$ 流出。根据右手螺旋定则,它们产生的合成磁场的方向如图 6-20(d)所示,是一个二极磁场。$B$ 端为 N 极,磁场线穿出定子铁芯;$Y$ 端为 S 极,磁场线进入定子铁芯。

同理,还可以继续得到其他时刻合成磁场的方向,从而可证明合成磁场是在空间旋转的。旋转磁场经历的角度为机械角度,磁场旋转一周经过的机械角度为 360°;电流随时间变化的角度称为电气角度,电流一个周期内的电气角度为 360°。由图 6-20 可知,对于二极(极对数 $p=1$)电机,当电流变化一周,磁场旋转 360°,说明旋转磁场的转速为电流的变化频率,即 $n=f$(单位为 r/s)$=60f$(单位为 r/min)。

(2)旋转磁场的极数

旋转磁场的极数与每组绕组的串联个数有关,以上为每相由一个绕组,能产生一对磁极。当每相由两个绕组串联,则绕组的首端之间的相位差为 $120°/2=60°$ 空间角,则产生的选择磁场具有两对极,称四极电动机。同理,每相有三个绕组串联,绕组首端之间相位差为 $120°/3=40°$ 空间角.

(3)旋转磁场的转速

旋转磁场的转速决定于磁极数。在一对磁极的情况下,当电流从 $\omega t=0°$ 到 $\omega t=60°$ 时,磁极也旋转了 $\omega t=60°$,设电源的频率为 $f_1$,即电流每秒交变 $f_1$ 次或每分交变 $60f_1$ 次,则旋转磁场的转速为 $n_0=60f_1$,转速的单位为转/分(r/min),在两对磁极的情况下,当电流从 $\omega t=0°$ 到 $\omega t=60°$ 经历了 60°时,而磁场在空间仅旋转了 30°,当电流交变一周时,磁场转过半周,比 $p=1$ 的情况转速慢了一半,即 $n_0=60f_1/2$,同理,在三对磁极的情况下,$n_0=60f_1/3$。

由此可知,当旋转磁场有 $p$ 对磁极时,其旋转磁场的转速为

$$n_0=60f_1/p$$

我国工频 $f_1=50$ Hz,由上式得出对应于不同极对数 $p$ 的旋转磁场转速 $n_0$(转每分),见表 6-1。

表 6-1　极对数与同步转速表

| $p$ | 1 | 2 | 3 | 4 | 5 | 6 |
|---|---|---|---|---|---|---|
| $n_0/(\text{r/min})$ | 3 000 | 1 500 | 1 000 | 750 | 600 | 500 |

(4)旋转磁场的转向

由图 6-20 可以看出,旋转磁场的旋转方向与电流出现正、负的先后有关,即与三相绕组中的三相电流的相序有关。所以要改变旋转磁场的转向,就必须改变三相绕组中电流的相序。如图 6-21 所示,将接入电动机的三相电源的其中两相交换,会使电动机反转。

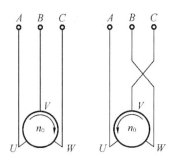

**图 6 - 21　改变旋转磁场的转向**

### 3. 转差率

电动机转子的转向与旋转磁场相同。但转子的转速 $n$ 不能预见旋转磁场的转速相同,即 $n < n_0$,如果两者相等,则转子与旋转磁场之间就没有相对运动了,所以转子导条就不再切割磁力线,转子电动势和转子电流及电磁力和电磁转矩就不存在了。这样,转子就不会继续以 $n_0$ 的转速旋转,因此转子转速与旋转磁场转速之间必须要有差值,这就是异步电动机名称的由来。旋转磁场的转速 $n_0$ 常称为同步转速。

用转差率 $s$ 来表示转子转速 $n$ 与磁场转速 $n_0$ 相差的程度,即

$$s = \frac{n_0 - n}{n_0}$$

转差率是异步电动机的一个重要物理量,转子转速越接近同步转速,转差率越小。由于三相异步电动机的额定转速与同步转速相近,所以它的转差率很小。通常,异步电动机在额定负载时的转差率为 $1\% \sim 9\%$。

## 6.2.2　三相异步电动机的电磁转矩和机械特性

电磁转矩 $T$(以下简称转矩)是三相异步电动机最重要的物理量之一,机械特性是它的主要特性。对电动机进行分析往往离不开它们。

### 1. 转矩公式

电磁转矩是由转子电流与旋转磁场相互作用而产生的,因此它的大小与旋转磁场的磁通最大值及转子电流的大小成正比,异步电动机在定子绕组的相电压和频率都不变时,旋转磁场的磁通最大值也基本不变,即旋转磁通最大值正比于定子相电压。转子电流是转子绕组切割旋转磁场的磁场线而产生的,因此转子电流的大小也是正比于旋转磁场的磁通最大值,即正比于定子相电压,并与转差率的大小有关,因为不同转子与旋转磁场的相对运动速度不同,转子绕组中感应电动势的大小就不同,因而转子电流的大小也就不同。因此,电磁转矩的大小正比于定子相电压的二次方,并与转差率有关。

电磁转矩公式的推导:电磁转矩 $T = \dfrac{P_1}{\Omega_0}$,$\Omega_0 = \dfrac{2\pi n_0}{60}$ r/s 为电磁角速度,电磁功率为

$$P_1 = \sqrt{3}\,U_{1l}I_{1l}\cos\varphi_1 = K_P U_{1P}I_{1P}\cos\varphi_2$$
$$= K_P U_{1P}I_{2P}\cos\varphi_2 = K'_P U_{1P}I_{2P}\cos\varphi_2$$

转子每相电流为

$$I_{2P} = \frac{sE_{20}}{\sqrt{R_2^2 + s^2 X_{20}^2}} = \frac{s(4.44 f_1 N_2 \Phi_m)}{\sqrt{R_2^2 + s^2 X_{20}^2}} = \frac{\frac{N_2}{N_1} s(4.44 f_1 N_1 \Phi_m)}{\sqrt{R_2^2 + s^2 X_{20}^2}} = \frac{\frac{N_2}{N_1} s U_{2P}}{\sqrt{R_2^2 + s^2 X_{20}^2}}$$

由以上几式得

$$T = \frac{1}{\Omega_0} K_P' U_{1P} I_{2P} \cos \varphi_2 = \frac{K_P'}{\Omega_0} \frac{U_{1P} \frac{N_2}{N_1} s U_{1P}}{\sqrt{R_2^2 + s^2 X_{20}^2}} \frac{R_2}{\sqrt{R_2^2 + s^2 X_{20}^2}} = K \frac{s R_2 U_{1P}^2}{R_2^2 + S^2 X_{20}^2} \qquad (6-1)$$

**2. 机械特性曲线**

在一定的电源电压 $U_{1P}$ 和转子电阻 $R_2$ 之下,转矩与转差率的关系曲线 $T = f(s)$ 或转速与转矩的关系曲线 $n = f(T)$,称为电动机的机械特性曲线。$T = f(s)$ 曲线可根据式(6-1)得出,如图 6-22 所示。图 6-23 所示的 $n = f(T)$ 曲线可从图 6-22 得出。只需将 $T = f(s)$ 曲线沿顺时针方向转过 90°,再将表示 $T$ 的横轴下移即可。

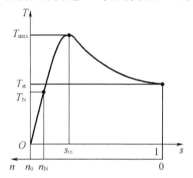

图 6-22　三相异步电动机 $T = f(s)$ 曲线　　图 6-23　三相异步电动机 $n = f(T)$ 曲线

研究机械特性的目的是为了分析电动机的运行性能。在机械特性曲线上,我们要讨论三个转矩。

(1)额定转矩 $T_N$

在等速转动时,电动机的转矩 $T$ 必须与阻转矩 $T_c$ 平衡,即

$$T = T_c$$

阻转矩主要是机械负载转矩 $T_2$,此外,还包括空载损耗转矩(主要是机械损耗转矩)$T_0$。由于 $T_0$ 很小,常可忽略,所以有

$$T = T_2 + T_0 \approx T_2$$

并由此得

$$T \approx T_2 = \frac{P_2}{\frac{2n}{60}}$$

上式中转矩的单位是牛·米(N·m);$P_2$ 是电动机轴上输出的机械功率,单位是瓦(W);转速的单位是转每分(r/min)。功率如果用千瓦为单位,则得出

$$T = 9\,550 \frac{P_2}{n}$$

额定转矩是电动机在额定负载时的转矩,它可从电动机铭牌上的额定功率(输出机械功率)和额定转速应用上求得。

通常三相异步电动机都工作在图 6-23 所示特性曲线的 $ab$ 段,当负载转矩增大(如车床切削时的吃刀量加大)时,在最初瞬间电动机的转矩 $T < T_c$,所以它的转速 $n$ 开始下降。随着转速的下降,由图 6-23 可见,电动机的转矩增大,因为这时 $I_2$ 增加的影响超过 $\cos 2$ 减小的影响。当转矩增加到 $T = T_c$ 时,电动机在新的稳定状态下运行,这时转速较低。但是 $ab$ 段比较平坦,当负载在空载与额定值之间变化时,电动机的转速变化不大,这种特性称为硬的机械特性。三相异步电动机的这种硬特性非常适合用于一般金属切削机床。

(2)最大转矩

从机械特性曲线上看,转矩有一个最大值,称为最大转矩或临界转矩,对应于最大转矩的转速差,由 $\dfrac{\mathrm{d}T}{\mathrm{d}s} = 0$ 求得 $s_m = \dfrac{R_2}{X_{20}}$(取正值),即

$$s_m = \frac{R_2}{X_{20}}$$

得出最大转矩为

$$T_{max} = C_T \cdot \frac{U_1^2}{2X_{20}}$$

当负载转矩 $T_2$ 超过最大转矩 $T_{max}$ 时,电动机就带不动负载了,发生了所谓闷车现象。闷车后电动机的电流迅速升高到额定电流的 $6 \sim 7$ 倍,电动机会严重过热以至烧坏。另一方面,也说明电动机最大负载转矩可以接近最大转矩,如果过载时间较短,电动机不至于马上过热,是允许的。通常用 $\lambda = \dfrac{T_{max}}{T_N}$ 表示电动机的过载能力,称为过载系数。

一般三相异步电动机的过载系数为 $1.8 \sim 2.2$,在选用电动机时,要考虑可能出现的最大负载转矩,然后根据所选电动机的过载系数计算出最大转矩,它必须大于最大负载转矩。

(3)起动转矩

电动机起动时($n = 0, s = 1$)的转矩称为起动转矩,将 $s = 1$ 代入转矩公式,得出起动转矩为

$$T_{st} = K \frac{R_2 U_1^2}{R_2^2 + X_{20}^2}$$

由上式可知,$T_{st}$ 与 $U_1^2$ 和 $R_2^2$ 有关,当电源电压降低时,起动转矩会明显降低。

### 6.2.3　三相异步电动机的起动

电动机的起动就是把它开动起来。在起动初始瞬间,$n = 0, s = 1$。我们从起动的电流和转矩来分析电动机的起动性能。

1.起动电流 $I_{st}$

在电动机刚起动时,由于旋转磁场对静止的转子有着很大的相对转速,磁通切割转子导条的速度很快,这时转子绕组中感应出的电动势和产生的转子电流都很大。和变压器的原理一样,转子电流增大,定子电流必然相应增大。

起动电流 $I_{st}$ 指起动时在定子侧的电流,此电流与定子每相电压 $U_{1P}$ 成正比,与起动时转子阻抗模成反比,即

$$I_{st} = K_{st} \frac{U_{1P}}{\sqrt{R_2^2 + X_{20}^2}}$$

式中，$K_{st}$ 为转子侧到定子侧的转换系数。

在实际中我们经常用起动电流倍数来衡量起动电流的大小，起动电流倍数定义为 $I_{st}/I_N$。一般中、小型笼型异步电动机的起动电流倍数为 5 ~ 7。例如，Y132M － 4 型电动机的额定电流为 15.4 A，起动电流与额定电流比值为 7，因此起动电流为 7 × 15.4 A = 107.8 A，电动机不是频繁起动时，起动电流对电动机本身影响不大。因为起动电流虽大，但起动时间一般很短（小型电动机只有 1 ~ 3 s），从发热角度考虑没有问题；并且一经起动后，转速很快升高，电流便很快减小。但当起动频繁时，由于热量的积累，可以使电动机过热。因此，在实际操作时应尽可能不让电动机频繁起动。例如，在切削加工时，一般只是用摩擦离合器将主轴与电动机轴脱开，而不将电动机停下来。

但是，电动机的起动电流对线路是有影响的。过大的起动电流在短时间内会在线路上造成较大的电压降落，而使负载端的电压降低，影响邻近负载的正常工作。例如，对邻近的异步电动机，电床的降低不仅会影响它们的转速（下降）和电流（增大），甚至可能使它们的最大转矩 $T_{max}$ 降到小于负载转矩，致使电动机停下来。

2. 起动转矩

在实际中经常用起动转矩倍数来衡量起动转矩的大小。起动转矩倍数的定义为 $T_{st}/T_N$。

在刚起动时，虽然转子电流较大，但转子的功率因数 cos 2 是很低的，起动转矩实际上是不大的，起动转矩倍数为 1.0 ~ 2.2。

如果起动转矩过小，就不能在满载时起动，应设法提高起动转矩。但起动转矩如果过大，会使传动机构（如齿轮）受到冲击而损坏，所以又应设法减小。一般机床的主电动机都是空载起动（起动后再切削），对起动转矩没有什么要求。但对移动床鞍横梁以及起重用的电动机应采用起动转矩较大一点的电动机。

由上述可知，异步电动机起动时的主要缺点是起动电流较大。为了减小起动电流（有时也为了提高或减小起动转矩），必须采用适当的起动方法。

### 6.2.4　起动方法

笼型异步电动机的起动有直接起动和减压起动两种。

1. 直接起动

直接起动又称全压起动，就是利用刀开关或接触器将电动机直接接到具有额定电压的电源上。这种起动方法虽然简单，但如上所述，由于起动电流较大，将使线路电压下降，影响负载正常工作。

一台电动机能否直接起动具有一定规定。有的地区规定用电单位如有独立的变压器，则在电动机起动频繁时，电动机容量小于变压器容量的 20% 时允许直接起动；如果电动机不经常起动，它的容量小于变压器容量的 30% 时允许直接起动。如果没有独立的变压器（与照明共用），电动机直接起动时所产生的电压降不应超过 5%。

30 kW 以下的异步电动机一般都是采用直接起动的。

2. 减压起动

如果电动机直接起动时所引起的线路电压较大，必须采用减压起动，就是在起动时降低加在电动机定子绕组上的电压，以减小起动电流。笼型异步电动机的减压起动常用下面几种方法。

（1）星形－三角形（Y－△）减压起动

如果电动机在工作时其定子绕组是连接成三角形，那么在起动时可以把它连接成星形，等到转速接近额定值时再连接成三角形。这样，在起动时就把定子每相绕组上的电压降到正常工作电压的 $1/\sqrt{3}$。

图 6－24 是定子绕组的两种连接方式，$Z$ 为起动时每相绕组的等效阻抗。

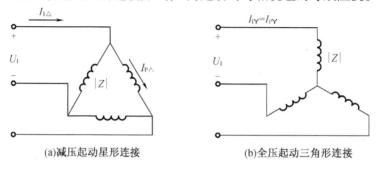

(a)减压起动星形连接　　　　　　(b)全压起动三角形连接

**图 6－24　定子绕组的两种连接方式**

当定子绕组为三角形连接，即直接起动时：

$$I_{st} = I_{1\triangle} = \sqrt{3}\,I_{P\triangle} = \sqrt{3}\,\frac{U_1}{|Z|}$$

当定子绕组为星形连接即减压起动时：

$$I_{str} = I_{1Y} = I_{PY} = \frac{U_1/\sqrt{3}}{|Z|}$$

比较上列两式可得

$$I_{str} = \frac{1}{3}I_{st}$$

即减压起动时的电流是直接起动时电流的 1/3。

这种换接起动可采用星－三角起动器来实现。图 6－25 是一种星－三角起动器的接线简图。在起动时将 $Q_2$ 向下扳，使下边一排动触点与静触点相连，电动机就接成星形连接。等电动机接近额定转速时，将 $Q_2$ 向上扳，则使上边一排动触点与静触点相连，电动机换成三角形连接。

星－三角起动器的体积小、成本低、寿命长、动作可靠。目前 4～100 kW 的异步电动机都已设计为 380 V 三角形连接，因此星－三角起动器得到了广泛的应用。

（2）自耦减压起动

自耦减压起动是利用三相自耦变压器将电动机在起动过程中的端电压降低，其接线图如图 6－26 所示。起动时，先把开关 $Q_2$ 扳到"起动"位置。当转速接近额定值时，将 $Q_2$ 扳到"运行"位置，切除自耦变压器。

自耦变压器备有抽头，以便得到不同的电压（如为电源电压的 73%，64%，55%），根据对起动转矩的要求而选用。电压比 $k$ 是抽头的倒数，如抽头为 50%，则 $k = 100/50 = 2$。

自耦减压起动适用于容量较大的或正常运行时为星形连接，不能采用星－三角起动器的笼型异步电动机。

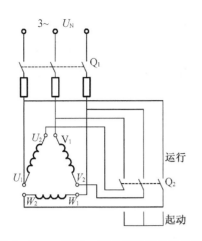

图 6 - 25　一种星 - 三角起动器的接线图

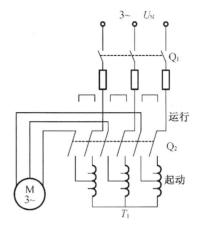

图 6 - 26　自耦减压起动电路图

（3）绕线转子异步电动机的起动

在转子绕组中串联电阻，可达到减小起动电流，提高起动转矩的目的。如图 6 - 27
所示。

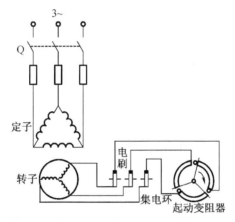

图 6 - 27　绕线转子异步电动机的串电阻起动电路

转子绕组中串联电阻起动常用于要求起动转矩较大的生产机械上，如卷扬机、锻压机、
起重机及转炉等。起动后，随着转速的上升将起动电阻逐段切除。

### 6.2.5　三相异步电动机的调速

调速就是在同一负载下能得到不同的转速。以满足生产过程的要求。例如，各种切削机
床的主轴运动随着工件与刀具的材料、工件直径及加工工艺的要求等的不同，要求有不同的转
速，以获得最高的生产率和保证加工质量。如果调速只能跳跃式调节，称为有级调速；如果转
速能连续调节，称为无级调速。三相异步电动机的调速原理是基于转速公式：

$$n = (1 - s)n_0 = (1 - s)\frac{60f_1}{p}$$

此式表明，改变电动机的转速有三种可能，即改变电源频率 $f_1$、极对数 $p$ 及转差率 $s$。前
两者是笼型异步电动机的调速方法。

1. 变频调速

近年来变频调速技术发展很快,目前主要采用图 6-28 所示的变频调速装置,它主要由整流器和逆变器两大部分组成。整流器先将频率 $f$ 为 50 Hz 的三相交流电变换为直流电,再由逆变器变换为频率 $f_1$ 可调、电压有效值 $U_1$ 也可调的三相交流电,供给三相笼型异步电动机。由此可得到电动机的无级调速,并具有硬的机械特性。

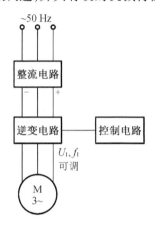

图 6-28 变频调速原理

通常有下列两种变频调速方式:

(1)在 $f_1 < f_{1N}$,即低于基频调速,应保持 $\dfrac{U_1}{f_1}$ 的比值不变,此时电动机的转矩近似不变,称为恒转矩调速。

(2)在 $f_1 > f_{1N}$,即高于基频调速,应保持 $U_1$ 不变,此时电动机的功率近似不变,称为恒功率调速。

目前在国内由于逆变器中的开关元件(可关断晶闸管、大功率晶体管和功率场效应晶体管等)的制造水平不断提高,笼型异步电动机的变频调速技术的应用也就日益广泛。

2. 变极调速

通过改变异步电动机定子绕组的接线方式可以改变异步电动机的极对数实现调速,称为变极调速。因为极对数时成倍的变化,所以只能是有极调速。

图 6-29 所示的定子绕组的两种接法。把八相绕组分成两半:线圈 $A_1X_1$ 和线圈 $A_2X_2$。图 6-29(a)中是两个线圈串联,得出 $p=2$;图 6-29(b)中是两个线圈反并联(头尾相连),得出 $p=1$。在换极时,一个线圈中的电流方向不变,而另一个线圈中的电流必须改变方向。

双速电动机在机床上用得较多,如某些镜床、磨床、铣床上都有。这种电动机的调速是有级的。

3. 变转差率调速

只要在绕组式电动机的转子电路中接入一个调速电阻(和起动电阻一样接入,见图 6-26)。改变电阻的大小就可得到平滑调速。例如,增大调速电阻时,转差率 $s$ 上升,而转速 $n$ 下降。这种调速方法的优点是设备简单、投资少,但能量损耗较大,广泛应用于起重设备中。

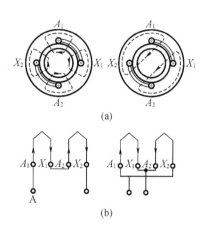

**图 6 – 29　定子绕组的两种接法**

（a）两个线圈串联；（b）两个线圈反并联

### 6.2.6　三相异步电动机的制动

因为电动机的转动部分有惯性,所以把电源切断后,电动机还会继续转动一定时间才停止。为了缩短辅助工时,提高机械的生产率,并为了保证安全,往往要求电动机能够迅速停车和反转,这就需要对电动机制动。对电动机制动,也就是要求它的转矩与转子的转动方向相反,这时的转矩称为制动转矩。

异步电动机的制动常用下列几种方法。

1. 能耗制动

这种制动方法就是在切断三相电源的同时,接通直流电源(图 6 – 30),使直流电流通入定子绕组。直流电流的磁场是固定不动的,而转子由于惯性继续在原方向转动。根据右手定则和左手定则不难确定这时的转子电流与固定磁场相互作用产生的转矩的方向。它与电动机转动的方向相反,因而起制动的作用。制动转矩的大小与直流电流的大小有关。直流电流的大小一般为电动机额定电流的 0.5 ~ 1 倍。

这种制动能量消耗小、制动平稳,但需要直流电源。在有些机床中采用这种制动方法。

2. 反接制动

在电动机停车时,可将接到电源的三根导线的任意两根的一端对调位置,使旋转磁场反方向旋转,而转子由于惯性仍在原方向转动。这时的转矩方向与电动机的转动方向相反(图 6 – 31),因而起制动的作用。当转速接近零时,利用某种控制电器将电源自动切断,否则电动机将会反转。

由于在反接制动时旋转磁场与转子的相对转速很大,因而电流较大。为了限制电流,对功率较大的电动机进行制动时必须在定子电路(笼型异步电动机)或转子电路(绕线转子异步电动机)中接入电阻。

这种制动比较简单,这种方法效果较好,但能量消耗较大,有些中型车床和铣床主轴的制动采用这种方法。

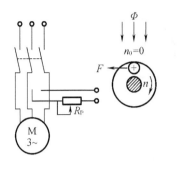

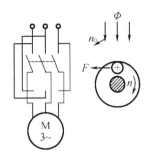

图 6-30　能耗制动　　　　　　　　图 6-31　反接制动

3. 发电反谈制动

当转子的转速 $n$ 超过旋转磁场的转速 $n_0$ 时,这时的转矩也是制动的(图 6-32)。当起重机快速下放重物时,就会发生这种情况,这时重物拖动转子,使 $n > n_0$,重物受到制动而等速下降。实际上这时电动机已转入发电机运行,将重物的位能转换为电能而反馈到电网里去,所以称为发电反馈制动。

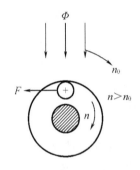

图 6-32　发电反馈制动

另外,当将多速电动机从高速调到低速的过程中,也自然发生这种制动,因为当将极对数 $p$ 加倍时,磁场转速立即减半。但由于惯性,转子转速只能逐渐下降,因此就出现 $n > n_0$ 的情况。

### 6.2.7　三相异步电动机的铭牌数据及选择

1. 三相异步电动机的铭牌数据

电动机除了由制造厂随机提供的说明书外,在机壳上固有一块铭牌,上面标明电动机的型号、额定值和有关技术数据。电动机按铭牌所规定的条件和额定值运行时就叫额定运行状态。如一台型号为 Y90L-4 的三相异步电动机,Y 表示系列号,90 代表机座中心高,L 代表铁芯长度代号,4 表示极数。铭牌上的额定值有以下几种。

(1)额定容量 $P_N$

额定电容 $P_N$ 是指轴上输出的机械功率。

(2)额定电压 $U_N$

额定电压 $U_N$ 是指电动机外施电源电压。

（3）额定电流 $I_N$

额定电流 $I_N$ 是指电机的母线电流。

（4）额定转速 $n_N$

额定转速 $n_N$ 是指电动机在额定运行状态下运行时转子的转速。

（5）额定频率 $f_N$

我国规定工频为 50 Hz。

2. 电动机的选择

选择电动机时,既要使电动机的性能满足生产机械的要求,又要考虑周围环境的影响,同时还要尽可能节约投资,降低运行费用。一般来说,电动机的选择包括以下内容。

（1）种类的选择

电动机的种类,主要根据生产机械对电动机的机械特性(硬特性还是软特性)、调速性能和起动性能等方面的要求来选择。一般情况下,优先选用三相笼型异步电动机,无法满足要求时才考虑选用其他电动机。

（2）功率的选择

根据生产机械所需要的功率和电动机的工作方式选择电动机的额定功率,使其温度不超过而又接近或等于额定值。

（3）电压的选择

根据电动机的功率和供电电压的情况选择电动机的额定电压。例如,三相笼型异步电动机,中、小功率的额定电压为 380 V,而大、中功率的额定电压有 3 000 V, 6 000 V 和 10 000 V。

（4）转速的选择

根据生产机械的转速和传动方式来选择电动机的额定转速。

（5）外形结构的选择

根据使用环境的要求选择电动机的外形结构(防护型、封闭型和防爆型)。

（6）型号的选择

根据上述各项选择的结果,最后确定电动机的型号。

# 6.3　低压电器和基本控制电路

就现代机床或其他生产机械而言,它们的运行部件大多是由电动机来带动的。因此,在生产过程中要对电动机进行自动控制,使生产机械各部件的动作按顺序进行,保证生产过程和加工工艺合乎预定要求。对电动机主要是控制它的起动、停止、正反转、调速及制动。

对电动机或其他电气设备的接通或断开,当前国内还比较多地采用继电器、接触器及按钮等控制器来实现自动控制。这种控制系统一般称为继电接触器控制系统,它是一种有触点的继续控制,因为其中控制电器是继续动作的。

任何复杂的控制线路的原理,必须是由一些基本的单元电路组成的。因此,本章主要讨论继电接触器控制的一些基本线路。

要懂得一个控制线路的原理,必须了解其中各个电器元件的结构、动作原理以及它们的控制作用。电器的种类繁多.可分为手动的和自动的两类。

### 6.3.1 真空断路器

断路器分高压断路器和低版断路器两种。断路器与接触器相比,相同点是都有灭弧装置,高压断路器采用氯氟化硫气体灭弧;低压断路器采用真空灭弧,故称真空断路器。真空断路器是常用的一种低压电器,既能接通和断开负载,又能实现短路、过载和失电压(欠电压)保护。

图6-33(a)是真空断路器的外形,图6-33(b)是真空断路器的原理。当操作手柄扳到合闸位置时主触点闭合,触点拉杆被锁钩锁住,使触点保持闭合状态。当电路发生短路或严重过载时,电磁铁线圈的电流随之迅速增加,电磁铁吸力加大,衔铁被吸下,衔铁向上顶开锁钩,在释放弹簧拉力的作用下,主触点迅速断开而切断电路。电源恢复正常时,必须重新合闸后才能工作,实现了失电压保护的目的。自动开关的动作电流值可以通过调节反力弹簧来进行整定。

真空断路器除满足额定电压和额定电流要求外,使用前还应调整相应保护动作电流的整定值。图6-33(c)是真空断路器的国标(国家规定的标准)图形符号。

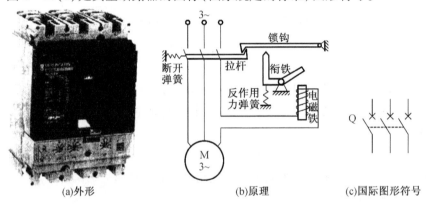

(a)外形　　　　　　　　(b)原理　　　　　　(c)国际图形符号

图6-33 真空断路器

### 6.3.2 刀开关及组合开关

刀开关是一种手动控制电器。刀开关的结构简单,主要由刀片(动触点)和刀座(静触点)组成。如图6-34所示是胶盖瓷座刀开关的结构和符号。

刀开关一般不宜在负载下切断电源,常用作电源的隔离开关,以便对负载的设备进行检修。在负载功率比较小的场合(如功率小于7.5 kW的笼型异步电动机的手动控制),也可以用作电源开关,进行直接起停操作。

组合开关又称转换开关,实际上也是一种刀开关,不过它的刀片是转动式的,其结构如图6-35所示。多极的转换开关是由数层动触点组装而成,动触点安装在操作手柄上,当操作手柄转动时,可以同时使一些触点合拢,另一些触点断开,故转换开关可以同时切换多条电路。转换开关还可以作为5.5 kW以下笼型电动机的直接起动开关,其图形符号同刀开关。

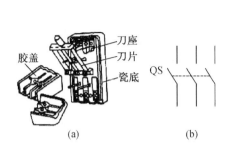

图 6 - 34　胶盖瓷座刀开关的结构和符号
(a)结构;(b)国际符号

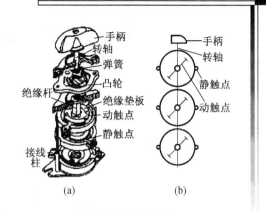

图 6 - 35　组合开关
(a)结构;(b)示意图

### 6.3.3　熔断器

熔断器是最简便而有效的短路保护电器,它串联在被保护的电路中,当电路发生短路故障时,过大的短路电流使熔断器的熔体(熔丝或熔片)发热后很快熔断,把电路切断,从而起到保护线路及电气设备的作用。常用的熔断器及国际图形符号如图 6 - 36 所示。

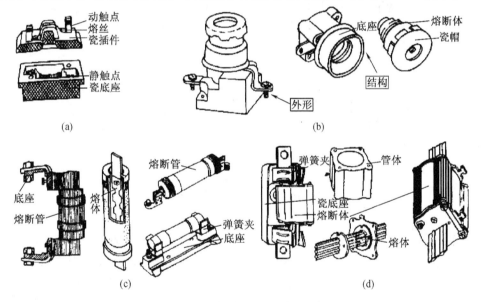

图 6 - 36　常用的熔断器及图形文字符号
(a)插入式熔断器;(b)螺旋式熔断器;(c)管式熔断器;(d)填料式熔断器

### 6.3.4　交流接触器

接触器是继电接触控制中的主要器件之一。它是利用电磁吸力来动作的,常用来直接控制主电路(电气线路中电源与主负载之间的电路,电流一般比较大)。

图 6 - 37(a)为交流接触器的基本结构,图 6 - 37(b)是原理图,图 6 - 37(c)是接触器的国际图形符号。交流接触器由电磁铁和触点组等主要部件组成。电磁铁的铁芯由硅钢

片叠成,分上铁芯和下铁芯两部分,下铁芯为固定不动的静铁芯,上铁芯为可上、下移动的动铁芯。静铁芯上装有吸引线圈。每个触点组包括静触点与动触点两个部分,动触点与动铁芯直接连接。

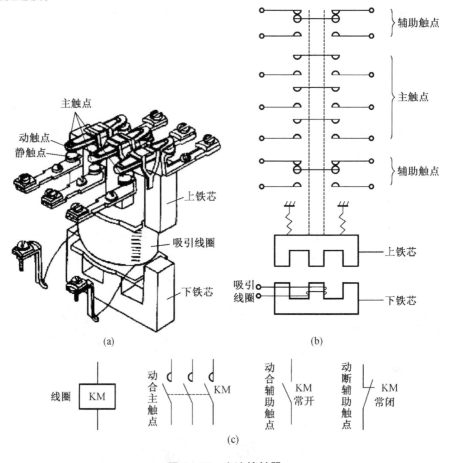

**图 6 - 37　交流接触器**

(a)结构;(b)原理;(c)国际图形符号

　　当接触器吸引线圈加上额定电压时,上、下铁芯之间由于磁场的建立而产生电磁吸力,把动铁芯吸下,它带动触点下移,使动触点与静触点闭合,将电路接通。当线圈断电时,电磁吸力消失,动铁芯在弹簧的作用下恢复到原来的位置,动、静触点分开,电路断开。因此,只要控制接触器线圈通电或断电,就可以使接触器的触点闭合或分开,从而达到控制主电路接通或切断的目的。接触器的触点大多是采用桥式双断点结构。触点分主触点和辅助触点两种。主触点通常有 2 ~ 4 对,它的接触面较大,并有灭弧装置,所以能通过较大的电流,通常接在主电路中,控制电动机等功率负载。辅助触点的接触面较小,只能通过较小的电流,因此只可以接在辅助电路中。所谓辅助电路是指电气线路中弱电流通过的部分(如接触器的线圈等支路),辅助电路又称控制电路。辅助触点还有常开触点和常闭触点之分。触点的数显可根据控制电路的需要而选择确定,最多可有 6 对辅助触点,即 3 对常开触点和3 对常闭触点。

　　接触器触点的常态是指它的吸引线圈在没有通电时的状态。如果线圈无电时触点所处的状态是断开的,称为常开触点;如果所处的状态是闭合的,则称为常闭触点。当接触器线圈通电后,触点的状态改变,此时常开触点闭合,而常闭触点断开。

灭弧装置是接触器的重要部件,它的作用是熄灭主触点在切断主电路电流时产生的电弧。电弧实质上是一种气体导电现象,它以电弧的出现表示负载电路未被切断。电弧会产生大量的热量,可能把主触点烧毛甚至烧毁。为了保证负载电路能可靠地断开和保护主触点不被烧坏,接触器必须采用灭弧装置。

交流接触器吸引线圈中通过的是交流电流,因此铁芯中产生的磁通也是交变的。为防止在工作时铁芯发生振动而产生噪声,在铁芯端面上嵌装有短路环。

选用交流接触器时,除了必须按负载要求选择主触点组的额定电压、额定电流外,还必须考虑吸引线圈的额定电压及辅助触点的数量和类型。

### 6.3.5　行程开关

行程开关又称限位开关,它是按工作机械的行程或位置要求而动作的电器。在电气传动的位置控制或保护中应用十分普遍。

图 6-38 为机械式行程开关的外形和符号。它主要由伸在外面的滚轮、传动杠杆和微动开关等部件组成。行程开关一般安装在固定的基座上,生产机械的运动部件上装有撞块,当撞块与行程开关的滚轮相撞时,滚轮通过杠杆使行程开关内部的微动开关快速切换,产生通、断控制信号,使电动机改变转向、改变转速或停止运转。当撞块离开后,有的行程开关是由弹簧的作用使各部件复位;有的则不能自动复位,它必须依靠两个方向的撞块来回撞击,使行程开关不断切换。

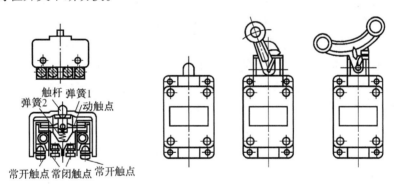

图 6-38　行程开关的外形和符号

### 6.3.6　继电器

继电器是一种自动电器,输入量可以是电压、电流等电量,也可以是温度、时间、速度或压力等非电量。输出就是触点动作。当输入量变化到某一定值时,继电器动作而带动其接通或切断控制电路。

继电器种类很多,包括电流继电器、电压继电器、中间继电器、热继电器、时间继电器等。下面对其中的几种做简要介绍。

1. 中间继电器

中间继电器的结构与工作原理和交流接触器基本相同,只是电磁系统小一些,触点数多一些。中间继电器通常用来传递信号和用来接通或断开小功率电动机或其他电气执行元件。常用的中间继电器有 JZ7 系列、JZ8 系列和 JTX 系列。

2. 热继电器

热继电器是利用电流效应原理工作的电器。图 6 - 39 为热继电器的原理示意图,它由热元件、双金属片和常闭触点等部分组成。发热元件串联在主电路中,所以流过发热元件的电流就是负载电流。负载在正常状态工作时,发热元件的热量不足以使双金属片产生明显的弯曲变形。当发生过载时,在热元件上就会产生超过其"额定值"的热量,双金属片就会变形,经一定时间当这种弯曲达到一定幅度后,使热继电器的触点断开。图 6 - 40 为热继电器的国际图形符号。

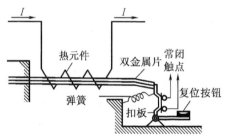

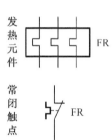

图 6 - 39　热继电器的原理示意图　　　图 6 - 40　热继电器的国际图形符号

双金属片是热继电器的关键部件,由两种具有不同膨胀系数的金属辗压而成,因此在受热后会因伸长不一致而造成弯曲变形。显然,变形的程度与受热的强弱有关。

由于热惯性,热继电器不能用于短路保护,因为发生短路事故时,需要电路立即断开,而热继电器是不能立即动作的。热继电器需用于过载保护(过负荷保护)。

通常用的热继电器有 JR20 系列、JR15 系列和引进的 JRS 系列。热继电器的主要技术数据是整定电流,即当热元件中通过的电流超过此整定电流的 20% 时,热继电器应当在 20 min 内动作。热元件有多种额定整定电流等级。

由于传统的热继电器在保护功率、重复性、动作误差等方面的性能指标比较落后,因此,目前已逐步用性能较先进的电子型电动机保护器来取代热继电器。

3. 时间继电器

时间继电器是一种利用电磁原理或机械原理实现触点延时接通或断开的控制电器。它的种类很多。从动作结构原理来分,有空气阻尼型、电动型和电子型等;从触点系统来分有通电延时和断电延时两种。图 6 - 41 为时间继电器的国标图形符号。

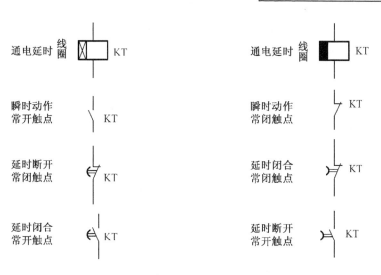

图6-41 时间继电器的国际图形符号

# 6.4 三相异步电动机继电接触基本控制电路

## 6.4.1 控制线路

电气控制线路是由接触器、开关电器、继电器、按钮和行程开关等电器组成的控制线路。为了设计、研究分析、阅读的方便,用电气原理图来表示控制线路的工作原理,反应各电器元件的作用及连接关系,并不考虑电器元件的实际安装位置和连线。绘制电气控制原理图时。使用国家统一规定的电气图形符号和文字符号。同一电器的各部分可分开来画在不同的地方,但必须标以统一文字符号。表6-2给出国家标准规定的部分常用基本文字符号。文字符号不够用时,可以加辅助文字符号。例如,起动加st,停止加stp等。表6-3给出了国家标准规定的部分电机和电器的国际图形符号。这些图形符号在不引起错误理解的情况下,可以旋转或镜像。

表6-2 部分常用基本文字符号

| 设备、装置和元器件种类 | 基本文字符号 | | 设备、装置和元器件种类 | | 基本文字符号 | |
|---|---|---|---|---|---|---|
| | 单字母 | 双字母 | | | 单字母 | 双字母 |
| 电阻器 | R | | 控制、信号电路的开关器件 | 控制开关 | S | SA |
| 电容器 | C | | | 按钮 | | SB |
| 电感器 | L | | | 行程开关 | | ST |
| 变压器 | T | | 保护器件 | 熔断器 | F | FU |
| 电动机 | M | | | 热继电器 | | FR |
| 发电机 | G | | 接触器继电器 | 接触器 | K | KM |
| 电力电路开关器件 | Q | | | 时间继电器 | | KT |

表 6 - 3　部分电机和电器国际图形符号

| 名称 | 符号 | 名称 | 符号 | 名称 | 符号 |
|---|---|---|---|---|---|
| 三相笼型异步电机 | （M 3~） | 熔断器 | | 行程开关 常开触点 | |
| 刀开关 | | 热继电器 发热元件 | | 行程开关 常闭触点 | |
| 断路器 | | 热继电器 常闭触点 | | 线圈 | |
| 按钮 常开 | | 交流接触器 线圈 | | 时间继电器 瞬时动作常开触点 | |
| 按钮 常闭 | | 交流接触器 常开主触点 | | 时间继电器 瞬时动作常闭触点 | |
| | | 交流接触器 常开辅助触点 | | 时间继电器 延时闭合常开触点 | |
| 按钮 复合 | | | | 时间继电器 延时闭合常闭触点 | |
| | | 交流接触器 常闭辅助触点 | | 时间继电器 延时断开常开触点 | |
| | | | | 时间继电器 延时断开常闭触点 | |

## 6.4.2　直接起动控制线路

图 6 - 42 为三相异步电动机直接起动的控制线路,它由刀开关 QS、真空断路器 QF、熔断器 FU、接触器 KM、热继电器 FR 等电器组成。图 6 - 42(a)中刀开关 QS 做隔离开关,熔

断器 FU 做短路保护;图 6 - 42(b)中真空断路器 QF 做隔离开关并兼作短路保护。下面介绍线路的工作原理。

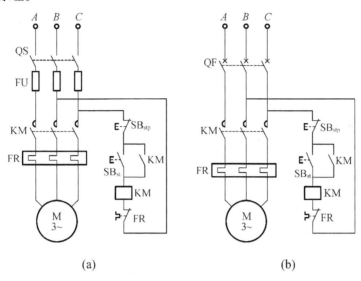

图 6 - 42　三相异步电动机直接起动的控制线路

先将刀开关 QS 或真空断路器 QF 闭合,为电动机起动做准备。当按下起动按钮 SB 时.交流接触器 KM 的吸引线圈通电,主触点闭合,电动机 M 接通电源起动运转。与此同时,接触器常开辅助触点通电。因此当松开按钮 $SB_{st}$ 时,接触器线圈的电路仍然接通,从而保持主电路继续通电,使电动机连续运行。这种依靠接触器辅助触点使其线圈保持通电的作用称为自锁。起自锁作用的辅助触点称为自锁触点。要使电动机 M 停止运转,只要按下停止按钮 $SB_{stp}$ 将控制电路断开,这时接触器 KM 吸引线圈断开,它的所有触点均复位,主触点断开把主电路电源切断。

### 6.4.3　正、反转控制线路

在生产过程中,往往要求工作机械能够实现可逆运行,例如机床工作台的前进与后退,主轴的正转与反转,起重机吊钩的上升与下降等等,这就要求电动机可以正、反转。由异步电动机的工作原理可知:若将接至电动机三相电源线中的任意两相对调,即可使电动机反转。所以正、反转控制线路实质上是两个方向相反的单向运行电路。但为了避免误动作引起电源相线之间短路,必须在电路中加设联锁。

图 6 - 43 为电动机正、反转控制线路。当接触器 $KM_F$ 动作时,电动机的 $U_1,V_1,W_1$ 端分别接三相电源的 $L_1,L_2,L_3$ 端,电动机正转;当接触器 $KM_R$ 动作时,电动机 $U_1,V_1,W_1$ 端则分别接 $L_3,L_2,L_1$ 端,电动机反转。图 6 - 43 中利用两个接触器的常闭辅助触点起相互控制作用,即当一个接触器线圈通电时,用其常闭辅助触点的断开来锁住另一个电路,使另一个接触器线圈不可能通电。这种利用常闭辅助触点互相控制的方法称为联锁或互锁,这两对起联锁作用的触点称为联锁触点。应用联锁后,可以保证在同一时间内只有一个接触器动作,确保电源不会被短路。

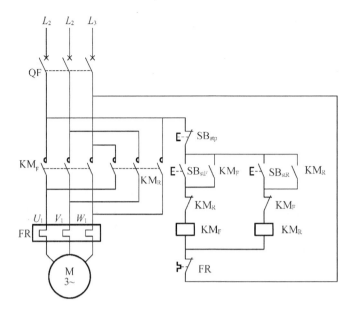

图 6 – 42　电动机正、反转控制线路

　　为了克服上述电路的"正—停—反"弱点,采用复合按钮通过触点动作的先后不同(常闭触点先动作,常开触点后动作)进行互锁,设计复合按钮互锁控制电路(辅助电路),如图6–44所示。采用这种复合按钮,在改变电动机的转向时不必先按停止按钮,只要按下相应的另一起动按钮即可。

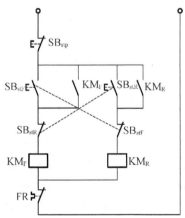

图 6 – 44　复合按钮互锁控制电路

　　在正、反转控制线路中,短路保护、过载保护和失电压(欠电压)保护的电器和原理与起停控制电路相同。

# 6.5　电动机时间控制与行程控制

## 6.5.1　时间控制线路

时间控制又称时限控制,是按所需的时间间隔接通、断开或换接被控制的电路。时间控制必须借时间继电器来实现。三相笼型异步电动机的星形－三角形起动控制就是典型的例子,起动时气相定子绕组接成星形连接,经过一段时间待转速接近正常转速时换接成三角形连接。

下面介绍三相笼形异步电动机的星形－三角形起动控制线路。图6－45是三相异步电动机星形－三角形起动控制线路,其中接触器 KM 用于控制电动机的起动和停止,接触器 $KM_Y$ 和 $KM_\triangle$ 分别用于电动机绕组的星形和三角形连接。

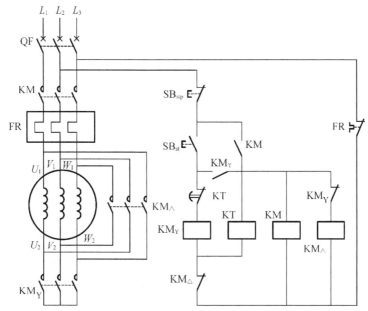

**图6－45　三相异步电动机星形一三角形起动控制线路**

起动时合上电源开关 QF,按下起动按钮 $SB_{st}$ 接触器 $KM_Y$ 线圈通电,$KM_Y$ 的常开主触点闭合,使电动机接成星形连接。$KM_Y$ 的常闭辅助触点断开,切断了 $KM_\triangle$ 的线圈电路,实现互锁。

$KM_Y$ 的常开辅助触点闭合,使接触器 KM 和时间继电器 KT 的线圈通电,KM 的主触点闭合,使电动机在星形连接下起动。同时,KM 的常开辅助触点闭合,实现自锁。

经过预定的延时后,时间继电器 KT 的延时断开常闭触点断开,使接触器 $KM_Y$ 的线圈断电,主触点 $KM_Y$ 断开,$KM_Y$ 的常闭辅助触点恢复闭合,$KM_Y$ 的常开辅助触点恢复断开。接触器 $KM_\triangle$ 的线圈通电,$KM_\triangle$ 主触点闭合使电动机接成三角形连接运行,同时 $KM_\triangle$ 的常闭辅助触点断开,切断了 $KM_Y$ 线圈的电路,实现互锁。

当电动机按三角形连接正常运转时,接触器 $KM_\triangle$ 的常闭辅助触点断开,时间继电器 KT、接触器 $KM_Y$ 不通电,退出运行。

### 6.5.2　行程控制电路

龙门刨床、导轨磨床等设备的工作部件往往需要做自动往复运动,具有行程开关的电路可以实现这种功能。图6－46为用行程开关控制的机床工作台做往复运动的控制电路。

当按下起动按钮 $SB_{stF}$ 时,正转接触器 $KM_F$ 的吸引线圈通电,电动机正向起动。设电动机正转时带动工作台向右移动。当工作台移动到预定位置时,安装在工作台左端的撞块 A

撞击行程开关 $ST_{A1}$，$ST_{A1}$ 的常闭触点断开，接触器 $KM_F$ 的线圈断电，电动机停止正转。紧接着行程开关 $ST_{A1}$ 的常开触点闭合和 $KM_F$ 的常闭触点闭合，反转接触器 $KM_R$ 的线圈通电，电动机便反向起动，使工作台向左移动。行程开关 $ST_{A1}$ 自动复位。

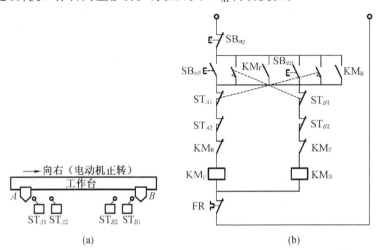

图 6-46　用行程开关控制的机床工作台做往复运动的控制电路

(a)示意图；(b)控制电路

当工作台移动到另一预定位置时，工作台右端的撞块 B 撞击行程开关 $ST_{B1}$，$ST_{B1}$ 的常闭触点断开，接触器 $KM_R$ 的线圈断电，电动机停止反转。紧接着行程开关 $ST_{B1}$ 的常开触点闭合，接触器 $KM_F$ 线圈又通电，电动机又正转而使工作台向右移动。如此在行程开关周期性的切换中，电动机周期性地正转与反转，要停止工作，直接按下停止按钮 $SB_{stp}$。

这种电路只要按下一次起动按钮 $SB_{stF}$（或 $SB_{stR}$）后，电动机就带动工作台周期性地左、右往返移动。工作台左、右往返移动的行程距离，可以根据工艺的要求，用调整安装在工作台侧面的两个撞块间的距离来实现.

图 6-46 中，除了利用接触器的常闭辅助触点进行联锁保护外，还利用行程开关中的常闭触点进行联锁保护。图 6-46 中 $ST_{A2}$ 和 $ST_{B2}$ 是极限位置保护用的行程开关。

# 6.6　电动机制动控制

许多机床，如万能铣床、卧床镗床、组合机床等，都要求能迅速停车和准确定位。这就要求对电动机进行制动，强迫其立即停车。制动停车的方式有两大类，即机械制动和电气制动。机械制动采用机械抱闸或液压装置制动；电气制动实质是使电动机产生一个与原来转子的转动方向相反的制动转矩。机床中经常应用的电气制动是能耗制动和反接制动。

## 6.6.1　能耗制动控制线路

能耗制动是三相异步电动机要停车时切除三相电源的同时，把定子绕组接通直流电源，在转速为零时再切除直流电源。

能耗制动控制线路就是为了实现上述的过程而设计的，这种制动方法，实质上是把转子原来储存的机械能，转变成电能，又消耗在转子的制动上，所以称为能耗制动。

图 6 – 47 是能耗制动的控制线路,图 6 – 47(a)是主电路,图 6 – 47(b)、图 6 – 47(c)是分别用复合按钮与时间继电器实现能耗制动的控制电路。图中整流装置由变压器和整流元件组成,KM₂ 为制动用接触器;KT 为时间继电器。图 6 – 47(b)是一种手动控制的简单能耗制动控制电路,要停车时按下 SB₁ 按钮,到制动结束放开按钮。图 6 – 47(c)可实现自动控制,简化了操作。

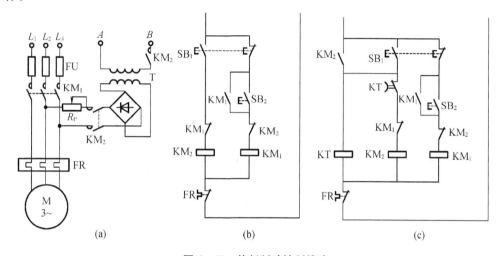

**图 6 – 47　能耗制动控制线路**

(a)主电路;(b)手动控制电路;(c)自动控制电路

制动作用的强弱与通入直流电流的大小和电动机转速有关,在同样的转速下电流越大制动作用越强。一般取直流电流为电动机空载电流的 3 ~ 4 倍,过大会使定子过热。图 6 – 47(a) 直流电源中串联的可调电阻 $R_P$,可调节制动电流的大小。

### 6.6.2　反接制动控制线路

反接制动实质上是改变异步电动机定子绕组中的获相电源相序,产生与转子转动方向相反的转矩,因而起制动作用。

反接制动过程为:当想要停车时,首先将共相电源切换,然后当电动机转速接近零时,再将三相电源切除。控制线路就是要实现这一过程。

图 6 – 48(a)为主电路,图 6 – 48(b)、图 6 – 48(c)都为反接制动的控制电路。KS 是速度继电器,速度不为零时动作,速度为零时复位。当知道电动机在正方向运行时,如果把电源反接,电动机将由正转急速下降到零。如果反接电源不及时切除,则电动机又要从零速反向起动运行。所以必须在电动机制动到零速时,将反接电源切断,电动机才能真正停下来。控制电路是用速度继电器来"判断"电动机的停与转的。电动机与速度继电器的转子是同轴连接在一起的,电动机转动时,速度继电器的常开触点闭合,电动机停止时常开触点打开。

图 6 – 48(b)有这样一个问题:在停车期间,如为调整工件,需要用手转动机床主轴时,速度继电器的转子也将随着转动,其常开触点闭合,接触器 KM₂ 得电动作,电动机接通电源发生动作,不利于调整工作。图 6 – 48(c)的反接制动控制电路解决了这个问题。控制电路中的停止按钮使用复合按钮,并在其常开触点上并联了 KM₂ 常开触点,使 KM₂ 能自锁。这样在用手转动电动机时,虽然 KS 的常开触点闭合,但只要不按停止按钮 SB₁,KM₂ 不会得

电,电动机也就不会反接于电源,只是操作停止按钮 SB₁ 时 KM₂ 才能得电,制动控制电路才能接通。

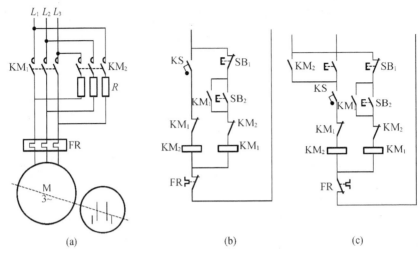

图 6 – 48　反接控制线路

因电动机反接制动电流很大,故在主电路中串入电阻 $R$,可防止制动时电动机绕组过热。反接制动时,旋转磁场的相对速度很大,定子电流也很大,因此制动效果显著。

# 6.7　控制线路的短路保护

电气控制系统除了能满足生产机械加工工艺要求外,要想长期、正常、无故障地运行,还必须有各种保护措施。保护环节是所有机床电气控制系统不可缺少的组成部分,利用它来保护电动机、电网、电气控制设备以及人身安全等。

电气控制系统中常用的保护环节有过载保护、短路电流保护、零电压和欠电压保护以及弱磁保护等。

## 6.7.1　短路保护

电动机绕组的绝缘、导线的绝缘损坏或发生故障时,造成短路现象,产生短路电流并引起设备绝缘损坏和产生强大的电动力使电气设备损坏。因此在产生短路现象时,必须迅速地将电源切断。常用的短路保护元件有熔断器和断路器。

1.熔断器保护

熔断器的熔体串联在被保护的电路中,当电路发生短路或严重过载时,它自动熔断,从而切断电路,达到保护的目的。

2.断路器保护

断路器保护有短路、过载和欠电压保护,这种开关能在线路发生故障时快速地自动切断电源。它是低压配电电路的重要保护元件之一,常用作低压配电盘的总电源开关及电动机变压器的合闸开关。

通常熔断器比较适用于对动作准确度要求较低和自动化程度较差的系统中(如小功率的笼型电动机、一般的普通交流电源等),在发生短路时,很可能出现一相熔断器熔断,造成单相运行,但对于断路器,只要发生短路就会自动跳闸,将三相同时切断。自动开关结构复杂,操作频率低,广泛用于要求较高的场合。

### 6.7.2　过载保护

电动机长期超载运行,绕组温升超过其允许值,电动机的绝缘材料就要变脆,寿命减少,严重时使电动机损坏。过载电流越大,达到允许温升的时间就越短,常用的过载保护元件是热继电器。热继电器可以满足这样的要求:当电动机为额定电流时,电动机为额定温升,热继电器不动作;在过载电流较小时,热继电器要经过长时间才动作,过载电流较大时,热继电器则经过较短时间就会动作。

由于热惯性的原因,热继电器不会受电动机短时冲击电流或短路电流的影响而瞬时动作,所以在使用热继电器做过载保护的同时,还必须设有短路保护。并且选作短路保护的熔断器熔体的额定电流不应超过热继电器发热元件的额定电流的 4 倍。

当电动机的工作环境温度和热继电器工作环境温度不同时,保护的可靠性就受到影响。现在有一种用热敏电阻作为测量元件的热继电器,它可将热敏元件嵌在电动机绕组中,能更准确地测量电动机绕组的温升。

### 6.7.3　过电流保护

过电流保护广泛用于直流电动机或绕线转子异步电动机。对于三相笼型电动机,由于其短时过电流不会产生严重后果,故不采用过电流保护而采用短路保护。

过电流往往是由于不正确的起动和过大的负载转矩引起的,一般比短路电流要小。在电动机运行中产生过电流要比发生短路的可能性更大,尤其是在频繁正、反转起动的重复短时工作制动的电动机中更是如此。直流电动机和绕线转子异步电动机线路中过电流保护器件是电流继电器,但也起着短路保护的作用。一般过电流的动作值为起动电流的 1.2 倍左右。

### 6.7.4　零电压与欠电压保护

当电动机正在运行时,如果电源电压因某种原因消失,那么在电源电压恢复时,电动机将自行起动,这就可能造成生产设备的损坏,甚至造成人身事故。对电网来说,同时有许多电动机及其他用电设备自行起动也会引起不允许的过电流及瞬间网络电压降低。为了防止电压恢复时电动机自行起动的保护叫零电压保护。零电压保护是靠开关设备的断电复位特性完成的。

当电动机正常运转时,电源电压过分地降低将引起一些电器的触点或开关返回,造成控制线路不正常工作,可能产生事故;电源电压过分地降低也会引起电动机转速下降甚至停转。因此需要在电源电压降到一定允许值以下时将电源切断,这就是欠电压保护。欠电压保护的保护器件是低电压继电器。

### 6.7.5　弱磁保护

直流电动机在磁场有一定强度时才能起动,如果磁场太弱,电动机的起动电流就会很大,直流电动机正在运行时磁场突然减弱或消失,电动机转速就会迅速升高,甚至发生飞车,因此需要采用弱励磁保护。弱励磁保护是通过电动机励磁回路串入弱磁继电器(电流继电器)来实现的,在电动机运行中,如果励磁电流消失或降低很多,弱磁继电器就释放,其触点切断主回路接触器线圈的电源,使电动机断电停车。

### 【本章小节】

本章主要对磁路与变压器、交流电动机、低压电器和基本控制电路做了简单介绍。

变压器是一种静止的电器设备,由绕在共同铁芯上的两个或两个以上绕组构成。依据电磁感应原理,它将一种数值的交流电压、电流转换为同频率的另一种数值的电压、电流。它还可以用来做阻抗变换器以及作为电气测量的中介元件使用。在工业领域中应用较广泛。

本章以鼠笼式三相异步电动机为例,主要介绍了其结构和转动原理,并对其电磁转矩和机械特性做了详细的分析,对三相异步电动机的使用做了简单介绍。

# 习　题　6

1. 铁芯线圈的损耗有哪几种? 是什么原因产生的?

2. 简述变压器的工作原理。

3. 有一线圈,其匝数 $N$ 为 500,绕在由铸钢制成的闭合铁芯上,铁芯的截面积 $S$ 为 10 cm,铁芯的平均长度为 40 cm。若在铁芯中产生 0.002 Wb 的磁通,线圈中应通入多大的电流?

4. 简述三相异步电动机的工作原理。

5. 一台三相笼型异步电动机,接在频率为 50 Hz 的三相电源上,已知在额定电压下满载运行的转速为 940 r/min。求:(1)电动机的磁极对数;(2)额定转差率;(3)额定条件下,转子相对于定子旋转磁场的转差。

6. 中间继电器与接触器有何异同?

7. 什么是电器控制的自锁和互锁,有什么作用?

8. 图 6-49 所示的各电路能否控制异步电动机的起、停? 为什么?

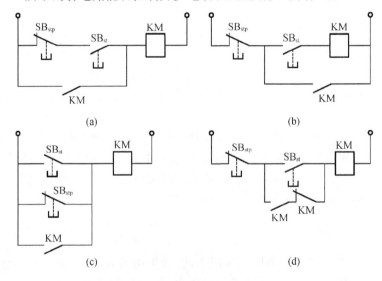

图 6-49

9. 分析图 6-50 所示控制电路的工作原理和控制功能。

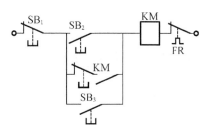

图 6 - 50

10. 试说明图 6 - 51 所示电路的功能和触点 KT₁ 和 KT₂ 是什么触点。若电动机的额定电流为 20 A, 熔体 FU 的额定电流应选用多少?

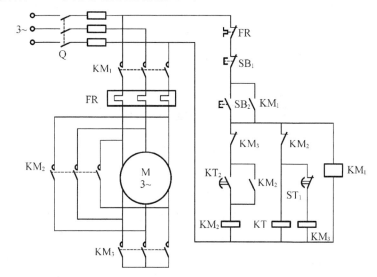

图 6 - 51

11. 试说明图 6 - 52 所示电路的功能及所具有的保护作用。若 KM₁ 通电运行时按下 SB₃, 试问电动机的运行状况有何变化?

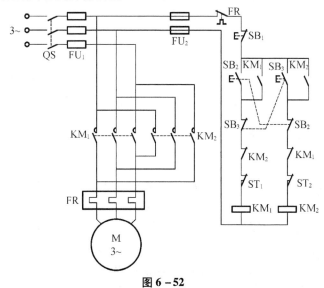

图 6 - 52

# 第7章 可编程控制器

## 【本章要点】

可编程控制器(Programmable Logic Controller, PLC),它是一种数字运算操作的电子系统,是专为在工业环境下应用而设计的,是在继电器控制与计算机控制的基础上开发出来的新型工业自动控制装置。PLC 以微处理器为核心,将自动化、计算机、现代通信等技术融为一体,具有很强的自动控制功能。80% 以上的工业控制可用 PLC 来完成,现在它已广泛应用于机械制造、冶金、交通、电力、电子等行业。

## 7.1 可编程控制器概述

### 7.1.1 可编程控制器的发展

从 1969 年第一台 PLC 在美因数字设备公司(DEC)问世以来,发展非常迅速。德国西门子、日本三菱等许多国际大公司 1969 年开始研制引进。从 1972 年开发成功,直到 20 世纪 90 年代,年产量递增率近 25%。

PLC 发展大致可分为 4 个阶段:1969—1972 年,研发生产了第一代 PLC,它可实现逻辑运算、定时、计数等功能,可代替 100~300 个继电器的控制系统。1972—1976 年生产的第二代 PLC 增加了数据运算、数据处理、计算机接口等功能。并由于加入了自诊断程序使可靠性大大提高,系统已逐步趋于标准化、通用化、系列化和模块化。1976—1981 年生产的第三代 PLC 广泛采用了微处理器(CPU)、存储器等微机芯片,体积减小、成本降低,并增加了通信、远程输入/输出等功能。从此开始,PLC 两极发展:一是小型化、低成本,二是大型化、高功能。1981 年以后生产的 PLC 开发了并网功能,可构成分散型控制系统。另外,它的编程语言也有了很大的发展。

PLC 与继电器控制系统比较,具有通用性强,可靠性高,接线简单,安装、调试和维修工作量小,体积小,能耗低等优点。它与计算机控制比较,具有编程简单、易于掌握等优点。

### 7.1.2 可编程控制器的结构

PLC 由输入部分、输出部分、内部控制电路、电源和编程器等构成,其系统框图为图 7-1 中点画线框内部,点画线框外的是 PLC 的输入控制信号和输出负载。

1. 输入部分

PLC 的输入部分包括输入滤波电路、光电耦合电路、输入状态寄存器等部分。输入状态寄存器的位数与输入端子数相对应,每个输入端子称为一个输入点。一台 PLC 的输入端子数称为它的输入点数。输入部分的作用是收集操纵台的操作命令和来自被控对象的各种信息,即收集外部信号。

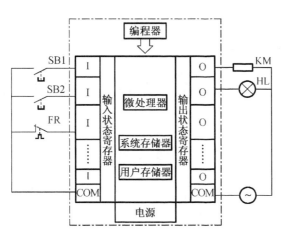

图 7 - 1　可编程控制器的系统框图

**2. 输出部分**

PLC 的输出部分由输出状态寄存器、输出锁存器、光电耦合电路和功率放大器等部分组成。每个输出端称一个输出点,输出端子数称为 PLC 的输出点数。输出部分的作用是根据输出状态寄存器的内容,形成实际输出,驱动外部负载。

**3. 内部控制电路**

内部控制电路由微处理器和存储器等构成。它的作用是处理、运算由输入得来的信息,判断哪些信息要输出,并将它送入拍出状态寄存器。

**4. 电源**

电源单元是将交流电转换成为 PLC 内部电路所需的直流电。它具有很强的抗干扰能力,使用时稳定、可靠。该单元还装有备用电池,以保证断电时保持内部存储器中的信息。

**5. 编程器**

编程器包括键盘、显示器、设定开关和连接端口等。它可通过连接端口直接嵌在 PLC 主机上也可通过延长电缆与主机相连。它的作用是将用户应用程序写入主机的随机存取存储器中,以便进行指令写入、读出、嵌入、删改等基本操作。在程序输入完成,PLC 正常运行时,不需要编程器,故若干台 PLC 可共用一个编程器。

### 7.1.3　可编程控制器的工作方式

PLC 是以周期循环方式进行工作的。每个周期包括输入采样、程序执行、输出刷新三个工作阶段。

**1. 输入采样阶段**

PLC 在本阶段扫描各输入点,并把所有外部信号的通断状态存入输入状态寄存器,然后转入程序执行阶段。值得注意的是,本周期输入采样后,到下一周期输入采样前,即使外部输入信号改变,输入状态寄存器的内容也不会改变。外部信号的改变只有在下一个工作周期输入采样阶段才能被读入。因此,为保证外部输入信号不丢失,该输入信号的稳定驻留时间不得小于 PLC 的一个工作周期。好在 PLC 的一个工作周期通常在几十毫秒以内,对于绝大部分控制电路,不会产生输入信号丢失现象。

**2. 程序执行阶段**

在本阶段,PLC 按约定顺序逐条对用户程序进行扫描,由操作系统做出解释,从输入状态寄存器、存储器、输出状态寄存器中读出有关元件状态。进行逻辑运算和算术运算,将每步结果写入有关存储器,并将输出指令的结果存入输出状态寄存器。

3.输出刷新阶段

在本阶段,PLC将输出状态寄存器的内容送至输出锁存电路,形成PLC的实际输出,驱动外部负载。

## 7.2 可编程控制器的编程方式及编程元件

PLC采用了微型计算机的基本结构和工作原理,但在应用时却无须从计算机角度去深入了解,而只需将它看成普通的继电器、定时器、计数器等元器件的组合,然后用这些元器件去组成所需的控制电路。这些继电器、定时器、计数器等元器件称为PLC的编程元件,PLC中并不真正存在这些编程元件,但却可实现这些编程元件的功能,即PLC的整个工作过程可等效为这些编程元件的动作。这些继电器、定时器等元件是软件,PLC是靠编号(编码)来识别它们的。

### 7.2.1 可编程控制器的编程方式

PLC的使用对象是广大电气技术人员及操作维修人员,因此,它不采用难于掌握的微机编程语言,而采用面向控制、易于掌握的方式编程。

1.梯形图

梯形图与传统的继电器电路非常相似,它直观、形象、易于学习、易于掌握、易于应用。梯形图中继电器的图形符号如图7-2所示。图7-2(a)为线圈符号,图7-2(b)、图7-2(c)分别为常开触点和常闭触点的符号。需要注意的是,不同厂家生产的PLC所标注的线圈和触点的符号不尽相同。

图7-3是控制继电器M100通断的梯形图。图7-3中,左、右两根竖线称为梯形图的左、右母线。它是想象中的电源线。在左右母线间接有触点和线圈,与继电器控制电路相似。

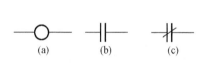

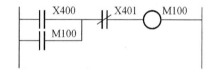

**图7-2 PLC中继电器的梯形图**
(a)线圈;(b)常开触点;(c)常闭触点

**图7-3 控制继电器M100通断的梯形图**

实际PLC内部没有图7-3中的两根母线,也没有触点和线圈。母线、触点和线圈是根据PLC的工作过程,为应用方便而等效出来的电路。梯形图是PLC形象化的编程方式。

2.逻辑代数表达式

用逻辑代数方法写出输出与输入的逻辑函数关系式。如图7-3的输出、输入逻辑表达式:$M100 = (X400 + M100)\overline{X401}$。

3.逻辑功能图

逻辑功能图是用数字电路中的"与""或""非""与非""或非"等门电路来实现需要实现的

输出与输入之间逻辑关系的图,对应于上面 M100 的逻辑代数式的逻辑功能图如图 7 - 4 所示。

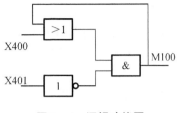

图 7 - 4　逻辑功能图

4. 指令流程图

指令语句程序是用 PLC 的指令语句编制的程序。通常用 PLC 进行控制时,先用上面的 3 种方法之一根据控制要求编程,最常见的是用梯形图编程,然后改写为指令程序,再由编程将指令程序输入到 PLC 的存储器中。不同厂家生产的 PLC 的指令语句不尽相同,这是使用 PLC 时要注意的。

## 7.2.2　可编程控制器的内部编程元件

不同厂家生产的 PLC 的编程元件编号和指令语句不一定相同,下面将以日本三菱公司生产的 F - 40M 小型机来进行说明。

F - 40M 有 24 个输入端子和 16 个输出端子,即有 24 个输入点和 16 个输出点,一共有 40 个输入/输出点。

1. 输入继电器 X

PLC 每个输入点相当于一个输入继电器的线圈,图 7 - 1 的输入部分,可看作图 7 - 5(a) 的点画线框内部分。

每个继电器的线圈只能由外部信号驱动,不能由指令程序驱动。如图 7 - 5(a)中,输入继电器 X400 线圈断电或通电仅取决于按钮 SB₁ 常开触点断开或闭合。而与内部程序无关。但任一个输入继电器有无数的常开和常闭触点可供内部编程使用。

F - 40M 采用八进制编号。输入继电器编号为 X400 ~ X413, X500 ~ X513 共 28 点。

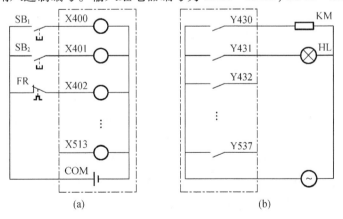

图 7 - 5　PLC 输入输出的等效电路

2. 输出继电器 Y

PLC 的每个输出点对外相当于该点对应的输出继电器的一个常开触点。图 7 - 1 中的输出部分可看作图 7 – 5(b)的点画线框内部。

输出继电器的线圈由内部程序驱动。每个输出继电器有无数常开和常闭触点供内部编程使用，而对外仅表现为一个常开触点，该触点用于驱动外部负载。

F – 40M 输出继电器的编号为 Y430 ~ Y437、Y530 ~ Y537 共 16 点。

3. 辅助继电器 M

辅助继电器的线圈由内部程序驱动，有无数常开和常闭触点供内部编程使用。辅助继电器分通用型和保持型。保持型具有断电保持功能。

F – 40M 通用型辅助继电器编号为 M100 ~ M277，共 178 点；保持型辅助继电器编号为 M300 – M377，共 78 点。

4. 移位寄存器

移位寄存器由 8 或 16 个辅助继电器组成，在梯形图中，它表现为一个四端元件。图 7 – 6 点画线框内部是 F – 40M 中 8 个辅助继电器组成的移位寄存器。

移位寄存器的端子作用如下：OUT 端为数据输入端，它决定移位寄存器中第一个辅助继电器的状态。图 7 – 6 中 X400 常开触点闭合，OUT 端接通左母线，则 M100 线圈通电；若 X400 常开触点断开，则 M100 线圈断电。

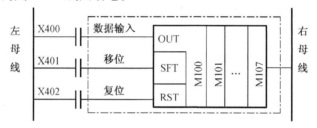

图 7 – 6　移位寄存器

SFT 端为移位端，该端与左母线间每从断开到接通一次，移位寄存器中各继电器的通断状态右移一位，最后一位继电器的状态溢出。

RST 端为复位端，该端子若与左母线接通，组成该移位寄存器的所有继电器线圈全部断电(清零)。

为了叙述方便，后面对继电器通断状态将采用逻辑代数表示方法：线圈通电，常开触点闭合记为"1"；线圈断电，常开触点断开记为"0"。这样规定后，图 7 – 6 中当 X400 = 1 时，M100 = 1；当 X400 = 0 时，M100 = 0。

【例 7 – 1】　图 7 – 6 中，X402 由接通到断开，之后：(1) X400 = 1 时，X401 通断两次，求移位寄存器中 M100 ~ M107 的状态；(2)在(1)之后，X400 = 0 时，X401 通断两次，接着 X400 = 1 时，X401 再通断一次，求 M100 ~ M107 的状态。

**解**　X402 接通，复位端 RST 接通，移位寄存器中 M100 ~ M107 全部清零，X402 断开。

(1) X400 = 1，数据输入端 OUT 接通，M100 = 1，M100 ~ M107 状态为 10000000，X401 通断两次，即移位端 SFT 通断两次，移位寄存器状态右移两位为 11100000。

(2) X400 = 0，则 M100 = 0 移位寄存器状态为 01100000，X401 通断两次，状态右移两位变为 00011000，X400 = 1，状态为 10011000，X401 通断一次，状态右移一位变为 11001100。

使用移位寄存器要注意以下两点：

(1)移位寄存器的编号为组成它的辅助继电器中第一个继电器的编号，如图 7 – 6 所示移位寄存器的编号为 M100；

（2）辅助继电器用作移位寄存器后不可再作其他用途。

若移位寄存器的末级信号移入第一级，可构成环形移位寄存器。有的 PLC 可以双向移动，按辅助继电器编号，移位方向可由小到大，也可由大到小。

5. 定时器

定时器相当于继电器控制电路中的通电延时继电器。F－40M 中，定时器编号为 T450～T457，T550～T557，共 16 点；定时时间 $k=0.1～999$ s。定时器起动经过设定的时间 $k$ s 后动作，其常开触点闭合，常闭触点打开。

用定时器可组成通电延时电路，也可组成断电延时电路。图 7－7(a) 中 X400 接通 15 s 后，T450 常开触点闭合，Y430 通电，图 7－7(b) 中，X400 接通时，Y430 通电，X401 接通，经过 15 s 后 T451 常闭触点打开，Y430 断电，相当于继电器控制电路中的断电延时。

6. 计数器 C

计数器在梯形图中通常画为三端元件，如图 7－8 中点画线框部分所示。图中 RST 端子为复位端，该端子接通（即 M71 常开触点闭合），计数器清零。OUT 端子为计数端，该端子每接通一次，计数器中的数据就加 1，当图 7－8 中 X400 通断 $k$ 次，计数器 C 中计数为 $k$ 时，C 的常开触点闭合，常闭触点断开。

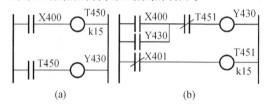
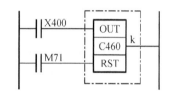

图 7－7　定时器构成的延时电路　　　　　图 7－8　定时器

F－40M 的计数器编号为 C460～C467，C560～C567，共 16 点，计数值 $k$ 可设定为 1～999 s。

计数器有断电保持功能，电源断电后，计数器中的数值依旧保持。若重新通电后需要重新计数，通电时必须在 RST 端加清零脉冲（即让 RST 端通断一次）。

图 7－9(a) 的梯形图中，X401 接通时，计数器 C460 清零。在 X401 断开后，X400 每通断一次，C460 中的数值加 1，当 X400 通断 80 次后，C460 常开触点闭合，并接通输出继电器 Y430，如图 7－9(a) 所示的梯形图也可画为图 7－9(b) 的形式。由这两种形式的梯形图转换成的指令程序是相同的。

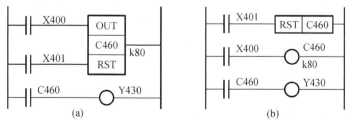

图 7－9　计数器梯形图的两种形式

7. 特殊继电器

（1）运行监测继电器 M70

当 PLC 运行时，M70 线圈通电，常开触点闭合，常闭触点打开。关机时，M70 线圈断电。

（2）初始化脉冲继电器 M71

PLC 开机时，M71 线圈通电（常开触点闭合）一个扫描周期。M71 常接于移位寄存器和计数器的 RST 端，以便开机清零。

（3）时钟脉冲继电器 M72

PLC 开机后，M72 线圈通电 50 ms，断电 50 ms，周而复始，形成周期为 100 ms 的脉冲，即 M72 每 100 ms 通断一次。

M70，M71 和 M72 的波形如图 7 - 10 所示。

M72 与计数器一起可组成定时器，如图 7 - 11 所示。图 7 - 11 中，PLC 开机时，M71 常开触点闭合一个扫描周期，C460 清零。M72 常开触点每 100 ms 通断一次，C460 计数。当开机 80 s 时，M72 通断 800 次，C460 计数 800，C460 常开触点闭合，Y430 线圈通电。

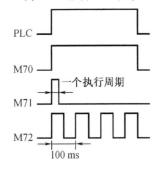

图 7 - 10　几个特殊继电器的波形

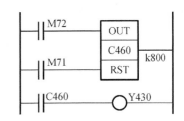

图 7 - 11　M72 和 C460 组成的计时器

（4）电压指示继电器 M76

PLC 电源部分有备用的锂电池，当电池电压下降到某一数值时，M76 线圈通电。

（5）禁止全部输出继电器 M77

若 M77 线圈通电，则所有输出继电器 Y 断电，但辅助继电器 M、定时器 T 和计数器 C 依然工作。

# 7.3　F - 40M 的指令系统

PLC 的一条指令就是它的一条编程语句，它由步序号、操作码和操作数三部分组成。

步序号是指令先后执行的序号，它从 0 开始，依次递增，中间不能留空号，即程序存入存储器的地址号必须连续，不能留空地址。否则有的 PLC 会将空地址误认为程序结束，也有的 PLC 不需要步序号，它是按照命令的输入顺序不留空地址存入存储器。

操作码又称编程命令或指令。

操作数又称数据，它告诉 CPU 用什么东西或在什么地方执行操作码指定的操作。

PLC 的指令系统与梯形图是一一对应的。在 PLC 的控制电路设计中，通常先按控制要求设计梯形图，再按梯形图编写指令程序。

下面介绍 F - 40M 的基本指令。

### 7.3.1  输入、输出指令

LD:取指令。取操作数指定的常开触点连接到左母线或分支电路的开头。

LDI:取反指令。取操作数指定的常闭触点连接到左母线或分支电路的开头。

OUT:输出指令。用于驱动输出继电器、辅助继电器、定时器或计数器,但不能用来驱动输入继电器。对于定时器和计数器,在使用 OUT 指令后,必须设定常数 $k$。常数 $k$ 的设定也作为一条指令。

图 7 - 12 为 LD,LDI,OUT 这三条指令的应用举例。在举例中,给出了梯形图和对应的指令程序。

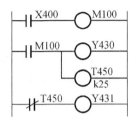

图 7 - 12  LD,LDI,OUT 指令的使用

| 步序号 | 指令 | 操作数 | |
|---|---|---|---|
| 0 | LD | X400 | 将 X400 常开触点接到左母线 |
| 1 | OUT | M100 | 驱动辅助继电器 M100 |
| 2 | LD | M400 | 将 M100 常开触点接到左母线 |
| 3 | OUT | Y430 | 驱动输出继电器 Y430 |
| 4 | OUT | T450 | 驱动定时器 T450 |
| 5 | k | 25 | 设定时常数 |
| 6 | LDI | T450 | 将 T450 常闭接到左母线 |
| 7 | OUT | Y431 | 驱动输出继电器 Y431 |

### 7.3.2  与指令

AND:将常开触点串联到前面的电路上。

ANI:将常闭触点串联到前面的电路上。

图 7 - 13 是 AND,ANI 指令的应用举例。

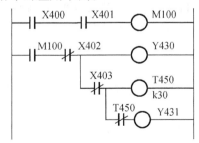

图 7 - 13  AND,ANI 指令的使用

| | | |
|---|---|---|
| 0 | LD | X400 |
| 1 | AND | X401 | 把 X401 的常开触点串联到前面电路 |
| 2 | OUT | M100 |
| 3 | LD | M100 |
| 4 | ANI | X402 | 把 X402 的常闭触点串联到前面电路 |
| 5 | OUT | Y430 |
| 6 | ANI | X403 | 把 X403 的常闭触点串联到前面电路 |
| 7 | OUT | T450 |
| 10 | k | 30 |
| 11 | ANI | T450 | 把 T450 常闭触点与 T450 线圈左边电路串联 |
| 12 | OUT | Y431 |

在图 7 – 13 中,用 OUT 驱动 Y430 后,经 X403 常闭触点,用 OUT 驱动 T450,再经 T450 常闭触点后,再用 OUT 驱动 Y431,这种方式成为连续输出。

### 7.3.3 或指令

OR:将某个常开触点并联到前面的电路上。

ORI:将某个常闭触点并联到前面的电路上。

图 7 – 14 是 OR,ORI 指令的应用举例。

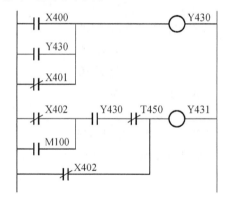

**图 7 – 14 OR,ORI 指令的应用**

| | | |
|---|---|---|
| 0 | LD | X400 |
| 1 | OR | Y430 | 将 Y430 常开触点与前面电路并联 |
| 2 | ORI | X401 | 将 X401 常闭触点与前面电路并联 |
| 3 | OUT | Y430 |
| 4 | LDI | X402 |
| 5 | OR | M100 | 将 M100 常开触点与前面电路并联 |
| 6 | AND | Y430 |
| 7 | ANI | T450 |
| 10 | ORI | X402 | 将 X402 常闭触点与前面电路并联 |
| 11 | OUT | Y431 |

### 7.3.4 块电路或指令

ORB:将组成电路块与前面的电路并联。每一电路块或支路开始必须使用 LD 或 LDI 指令。

图 7 - 15 为 ORB 指令的应用举例。

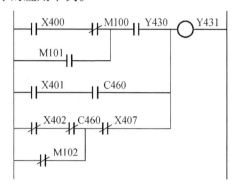

**图 7 - 15　ORB 指令的应用**

| 0 | LD | X400 |
|---|---|---|
| 1 | ANI | M100 |
| 2 | OR | M101 |
| 3 | AND | Y430 |
| 4 | LD | X401 |
| 5 | AND | C460 |
| 6 | ORB | |
| 7 | LDI | X402 |
| 10 | ANI | C460 |
| 11 | ORI | M102 |
| 12 | AND | X407 |
| 13 | ORB | |
| 14 | OUT | Y431 |

多个电路块并联有两种编程方式:一种是每写一个并联电路块后,紧跟一个 ORB,像上面所写的程序那样,用这种编程方式并联电路块的数目不限;另一种是写完各并联电路后,后面集中写若干个 ORB,这种编程方式下并联的电路块不能超过 8 个。按后一种方式编程,图 7 - 15 所示梯形图的程序可写为

| 0 | LD | X400 |
|---|---|---|
| 1 | ANI | M100 |
| 2 | OR | M101 |
| 3 | AND | Y430 |
| 4 | LD | X401 |
| 5 | AND | C460 |
| 6 | LDI | X402 |

| 7 | ANI | C460 |
|---|-----|------|
| 10 | ORI | M102 |
| 11 | AND | X407 |
| 12 | ORB | |
| 13 | ORB | |
| 14 | OUT | Y431 |

按后一种连接方式,并联电路块不能超过 8 个。

### 7.3.5 块电路与指令

ANB:将组成电路块与前面的电路串联。每一电路块或支路开始必须使用 LD 或 LDI 指令。

图 7 - 16 为 ANB 指令的应用举例。

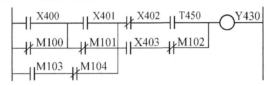

图 7 - 16　ANB 指令的应用

| LD | X400 | |
|----|------|---|
| ORI | M100 | |
| LD | X401 | 块电路 |
| ORI | M101 | 块电路 |
| ANB | | 块电路串联 |
| LD | M103 | |
| ANI | M104 | |
| ORB | | |
| LDI | X402 | |
| AND | T450 | |
| LD | X403 | |
| ANI | M102 | |
| ORB | | |
| ANB | | |
| OUT | Y430 | |

在对应于图 7 - 16 的指令程序中省略了步序号。为简单起见,后面的一些程序也将省略步序号。

多个电路块串联有两种编程方式:一种是每写一个串联电路块后,紧跟一个 ANB,像上面所写的程序那样,这种编程方式下串联电路块的数目不限;另一种是写完若干个串联电路后,后面集中写若干个 ANB,这种编程方式下串联电路块的个数不能超过 8 个。

### 7.3.6  复位指令

RST:用于清除计数器和移位寄存器中的内容。

图 7 - 17 为 RST 指令的应用举例。

| | |
|---|---|
| LD | M71 |
| OR | X401 |
| RST | C460 |
| LD | X400 |
| OUT | C460 |
| K | 20 |
| LD | C460 |
| OUT | Y430 |
| LD | X400 |
| OUT | C460 |
| k | 20 |
| LD | M71 |
| OR | X401 |
| RST | C460 |
| LD | C460 |
| OUT | Y430 |

复位端较计数端优先,即 RST 端接通时,计数器不接受输入端数据。复位电路 RST 端与计数电路 OUT 端,或移位寄存器的移位端 SFT 是相互独立的,它们的先后顺序可任意交换。图 7 - 17 可画作图 7 - 18,指令程序也有变化。

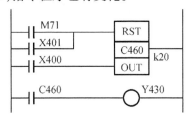

图 7 - 17  RST 指令的应用

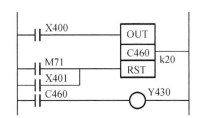

图 7 - 18  图 7 - 17 改变顺序后的图

【例 7 - 2】  按图 7 - 19 所示梯形图写指令程序,并计算 X400 接通后多长时间 Y430 有输出?

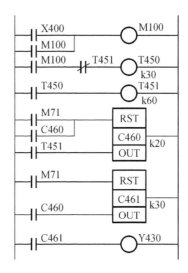

**图 7-19** 【例 7-1】的梯形图

**解** 图 7-19 所示梯形图的程序为

| | |
|---|---|
| LD | X400 |
| OR | M100 |
| OUT | M100 |
| LD | M100 |
| ANI | T451 |
| OUT | T450 |
| k | 30 |
| LD | T450 |
| OUT | T451 |
| k | 60 |
| LD | M71 |
| OR | C460 |
| RST | C460 |
| LD | T451 |
| OUT | C460 |
| k | 20 |
| LD | M71 |
| RST | C461 |
| LD | C460 |
| OUT | C461 |
| k | 30 |
| LD | C461 |
| OUT | Y430 |

PLC 输入该程序的工作过程如下:开机时,M71 常开触点闭合一个工作周期,计数器 C460,C461 清零。X400 通电后,M100 通电并自锁。M100 常开触点和 T451 常闭触点接通,T450 计时,30 s 后,T450 常开触点闭合,T451 计时,60 s 后,T451 常开触点闭合,C460 计数且 T451 常开触点断开,T451 断电。T451 常闭触点闭合,重新接通 T450 计数。由上面分析可知,T451 每经过(30 + 60) s = 90 s 通断一次,C460 计数加 1。20 个 90 s 后,C460 计数为 20,C460 常开触点闭合,C461 计数,同时 C460 的 RST 端子接通,C460 断电,并重新计数,故每经过 20 × 90 s = 1 800 s,C460 通断一次,C461 计数加 1。30 个 1 800 s 后 C461 通电,其常开接通输出继电器 Y430 的线圈。故从 X400 接通到 Y430 通电所经时间

$$t = (30 + 60) \times 20 \times 30 \ \text{s} = 54\ 000 \ \text{s} = 15 \ \text{h}$$

### 7.3.7　脉冲指令

PLS:使辅助继电器接通一个工作周期(即发出一个脉冲),常用这个脉冲来使计数器和移位寄存器复位。

图 7 - 20 为 PLS 指令的应用举例。

| | |
|---|---|
| LD | X400 |
| PLS | M100 |
| LD | M100 |
| OR | Y430 |
| ANI | C460 |
| OUT | Y430 |
| LD | M100 |
| RST | C460 |
| LD | X401 |
| OUT | C460 |
| k | 30 |

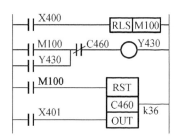

**图 7 - 20　PLS 指令的应用**

图 7 - 20 的程序是一个产品装箱的控制程序。起动按钮接通输入继电器 X400 线圈时,X400 常开触点接通,M100 接通 PLC 的一个工作周期,输出继电器 Y430 通电并自锁,同时计数器 C460 复位。Y430 的输出接通接触器 KM 的线圈,其常开触点闭合使电动机旋转,带动传送带让产品装箱。每个产品进箱都要压动行程开关,使 X401 通断一次,C460 按 X401 通断次数计数。当 36 个产品进箱时,C460 通电,其常闭触点断开,Y430 断电。X400

每接通一次,就重复以上过程一次。

### 7.3.8 位移指令

SFT:移位寄存器移位输入指令。

图 7－21 是一个由 M120～M137 组成的 16 位移位寄存器,"SFT　M120"使每位状态右移。

```
LD      X400
OUT     M120
LD      X401
SFT     M120
LD      M71
RST     M120
```

SFT 端和 RST 端同时接通时,RST 优先。

### 7.3.9 保持指令

S:保持置位指令。

R:保持复位指令。

S 可用来使辅助继电器中的 M200～M377 置位(通电)并保持,R 用来使置位后的继电器复位(断电)。

图 7－22 为保持指令的应用举例。

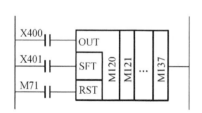

图 7－21　移位寄存器的梯形图

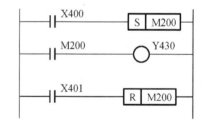

图 7－22　保持指令的应用

```
LD      X400
S       M200        置位并保持
LD      M200
OUT     Y430
LD      X401
R       M200        保持复位
```

执行该程序时,按起动按钮,X400,M200 接通并保持,Y430 接通,驱动负载。按停止按钮,接通 X401,M200 复位(断电),Y430 断开,负载停止运行。

图 7－22 中,若 X400 的常开触点和 X401 的常开触点同时闭合,将优先执行 R 指令。

### 7.3.10　主控指令

MC:主控指令,用于公关串联触点的连接。

MCR:主控复位指令。

图 7 - 23(a)所示的梯形图不能用指令程序编程,可改画为图 7 - 23(b),用 MC,MCR 指令编程。

| | |
|---|---|
| LD | X400 |
| ANI | X401 |
| OR | M200 |
| LDI | T450 |
| ORI | C460 |
| ANB | |
| OUT | M100 |
| MC | M100　主控 |
| LD | X402 |
| OUT | Y430 |
| LDI | X403 |
| OUT | Y431 |
| LD | X404 |
| OUT | Y432 |
| MCR | M100　主控结束 |
| LD | X405 |
| OR | Y433 |
| ANI | X406 |
| OUT | Y433 |

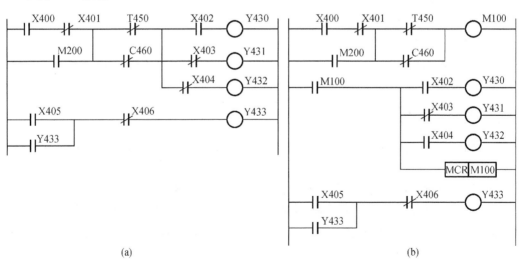

图 7 - 23　主控指令的应用

程序中,语句"MC M100"相当于在 M100 常开触点的右端出现了一条新的左母线,该左母线在"MCR M100"处结束。

### 7.3.11 跳步指令(转移指令)

CJP:条件跳步指令,用于跳步开始。

EJP:跳步结束指令,用于指示跳步结束。

跳步的目的地址编号为 700 ~ 777,共 78 点。图 7 - 24 为跳步指令的应用。

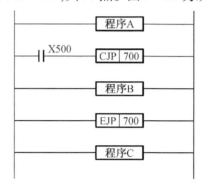

图 7 - 24 跳步指令的应用

程序 A

LD          X500

CJP          700

程序 B

EJP          700

程序 C

图 7 - 24 中,若 X500 常开触点不闭合,执行程序 A 后,依次执行程序 B,再执行程序 C。若满足 X500 常开闭合的条件,则执行程序 A 后,跳过程序 B 去执行程序 C。

使用跳步指令时要注意以下问题:

(1)CJP 和 EJP 指令必须成对使用,且跳转目的地址编号必须一致。

(2)若只有 CJP 指令而没有 EJP 指令,CJP 被当作空操作(NOP)指令;若只有 EJP 指令而没有 CJP 指令,EJP 被当作结束(END)指令。

(3)使用跳步指令时,若目的地址编号不在 700 - 777 内,CJ P 被当作空操作(NOP)指令,EJP 被当作结束(END)指令。

(4)EJP 指令不能放在 CJP 指令之前,否则 EJP 不起作用。若多次使用 EJP,只有最后一个 EJP 有效。

(5)不得对跳步程序内的元件强行置位、复位或在线修改常数。

(6)通常一个编程元件的线圈在梯形图中只能出现一次,即只能在一处使用。但采用跳步指令时,若跳步条件相反,在同一时间内,两段程序只能有一段运行,则在同一编程元件的线圈可出现在这两段程序中,如图 7 - 25 所示。

(7)跳步指令可组合使用。

跳步指令可组合使用的方式很多,图 7 - 26 和图 7 - 27 是其中的两种。

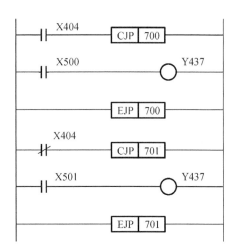

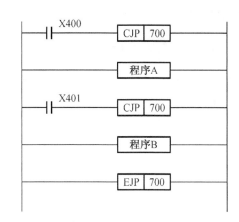

**图7-25　Y437线圈在两处出现**　　**图7-26　同一目的地址的多个跳转**

图7-26中,若X400常开触点闭合,则跳过程序A和程序H;若X400常开触点断开,X401常开触点闭合,则执行程序A,跳过程序B。若X400和X401常开触点都断开,则依次执行程序A和程序B。

图7-27中,若X400常开触点闭合,则跳过程序A、程序B、程序C、程序D;若X400常开触点断开,X401常开触点闭合,跳过程序B、程序C;若X400和X401常开触点断开,X402常开触点闭合,则跳过程序C、程序D、程序E。

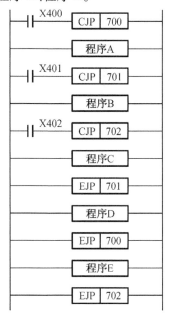

**图7-27　不同目的地交叉覆盖**

### 7.3.12　结束指令

END:编程结束时,写入END。

F-40M的总程序步是890步。若不写END,在PLC每个工作周期的程序执行阶段,控制器将从 000 步一直查询到 890 步才转入输入、输出刷新。若有 END 指令,则查询到 END 指令就转入输入、输出刷新。因此,使用 END 指令可缩短工作周期。

### 7.3.13 空操作指令

NOP:使该步程序空操作,主要用于修改和增减程序。下面介绍 NOP 指令的使用方法。

1. 触点短路

图 7 - 28(a)所示梯形图中,在程序"ANI X401"和"AND X402"后,分别加 NOP,就将 X401 常闭触点和 X402 常开触点分别短路。实际按图 7 - 28(b)梯形图执行。

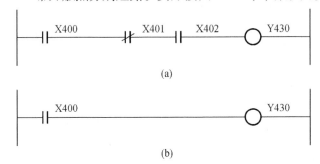

(a)

(b)

**图 7 - 28 用 NOP 指令短路触点**

```
LD      X400
ANI     X401
NOP
AND     X402
NOP
OUT     Y430
```

2. 前面的电路短路

图 7 - 29(a)所示梯形图指令程序中,若在 ANB 后加入 NOP,则 ANB 前面的电路块之前的电路——X400 常开触点与 T450 常闭触点并联的部分被短路掉,实际执行的梯形图为图 7 - 29(b)。

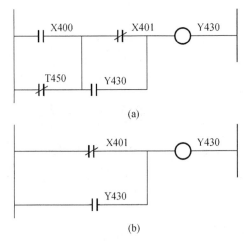

(a)

(b)

**图 7 - 29 用 NOP 指令短路前面的电路**

```
LD      X400
ORI     T450
LDI     X401
OR      Y430
ANB
NOP
OUT     Y430
```

### 3. 删除触点和线圈

图 7 - 30(a)所示梯形图指令程序中,若"OR　Y430"后加入 NOP,就将 Y430 常开触点删除,若"OUT　Y430"后加入 NOP,就将 Y430 线圈删除。这时,PLC 实际按图 7 - 30(b)所示的梯形图执行。

```
LD      X400
AND     T450
LD      X401
ANI     T450
ORB
NOP
OR      Y430
OUT     Y430
```

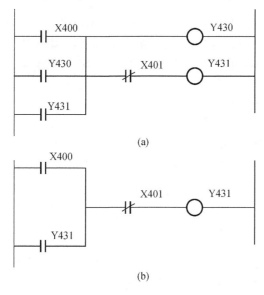

(a)

(b)

**图 7 - 30　用 NOP 指令删除触点和线圈**

以上介绍的是 F - 40M 小型机常用的 13 种指令。通常这些指令可以完成常见的电动机控制要求。

## 7.4 可编程控制器控制电路程序设计方法

在设计 PLC 控制电路时,首先要明确控制对象和控制要求,按控制对象和要求画出输入、输出接线图;其次要按控制要求设计梯形图;最后要将设计好的梯形图转换为指令程序。以上步骤的关键是梯形图的设计。

### 7.4.1 梯形图的特点

(1)梯形图由编程元件的常开触点、常闭触点和线圈构成。由于 PLC 中并不真正具有触点和线圈,而只有相应的功能,因而每个编程元件有无数触点,且这些触点不会磨损。

(2)梯形图的左、右母线为假想电压母线,支路电流为假想电流,该电流只能由左至右,层次顺序为先上后下。

(3)在继电接触器控制电路中,各支路是同时加上电压并行工作的。PLC 是采用顺序扫描、不断循环的方式工作的,是串行工作方式。设计时必须注意,以免出现误动作。

(4)设计 PLC 梯形图时,要注意执行电器的实际情况。图 7-31 是电动机正、反转控制电路的接线图和梯形图。当 Y430 接通、接触器 KM1 通电时,电动机正转;当 Y431 接通、KM2 通电时,电动机反转。图 7-31(b)所示梯形图中,Y430 和 Y431 的常闭触点串联在对方线圈电路中,实现了互锁。但要注意的是,当 Y430 通电、KM1 通电、电动机正转时,按反转按钮 SB2,Y430 断开和 Y431 的接通几乎是同时完成的。KM1 线圈断电,其常开触点断开但电弧未熄灭时,KM2 常开触点已接通,就造成了电源的瞬间短路,这是必须避免的。因此,在图 7-31(a)中 A 点和 B 点处,要分别加上 KM1 和 KM2 的常闭触点,形成互锁。

(5)外部信号只需要一个触点接入,编程时若需要多次使用该触点,可用软件继电器扩展。

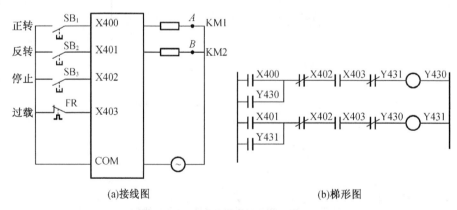

图 7-31 电动机正、反转的 PLC 控制电路

### 7.4.2 梯形图绘制原则

(1)梯形图按从上至下、从左至右的顺序绘制。每个逻辑行从左母线开始,终于右母线,线圈直接接到右母线上,线圈和右母线间不得有接触点或其他元件。

(2)梯形图中触点应画在水平支路上,不含触点的支路应放在垂直方向,这样画逻辑关系清楚,如图7-32(a)应改画成图7-32(b)的形式。

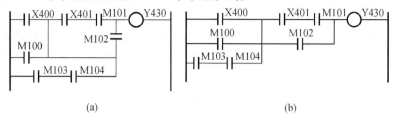

**图7-32 触点应画在水平支路上**

(a)不正确画法;(b)正确画法

(3)梯形图中几条支路并联时,串联触点多的支路应排在上面,若干电路块串联时,并联支路数多的电路块应排在前面,这样可以减少指令条数。

(4)梯形图中的任一个触点不允许有双向电流流向,如图7-33(a)所示的桥式电路不能编程,必须改成图7-33(b)的形式。

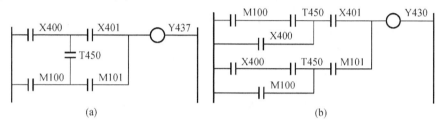

**图7-33 T450上不允许有双向电流流过**

(5)如果梯形图中几个逻辑行间互相牵连、逻辑关系不清时,那么可改画。如图7-34(a)中,Y430,Y431,Y432逻辑行有牵连,不能编程,可改画为图7-34(b),也可改画为图7-34(c),用主控指令编程。

(6)注意外部触点状态与图7-31(a)内部触点的关系。如图7-31所示电动机正、反转控制电路中,停止按钮SB₃,接输入继电器X402。图7-31(a)中SB₃为常开触点,图7-31(b)中Y430,Y431线圈电路中串联接入X402的常闭触点,若图7-31(a)中改为SB₃的常闭触点,则图7-31(b)中改为X402的常开触点。

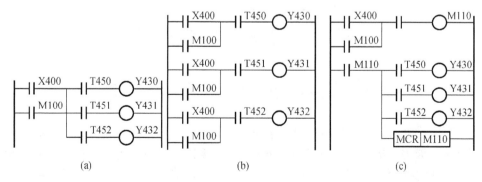

**图7-34 逻辑行相互牵连的梯形图原理**

### 7.4.3 输入、输出接线图

输入、输出接线图是根据被控对象的控制要求画出来的 PLC 对外部输入信号和外部负载的实际接线图。如控制电动机的起动和停止，并要求电动机有过载保护，其输入信号有起动按钮 SB、停止按钮 SBZ 和热继电器常闭（或常开）触点 FR，它们分别接到 PLC 的 3 个输入点上。由一个接触器 KM 控制电动机的运行停止，故 PLC 只控制一个 KM 线圈，即仅一个输出点与 KM 线圈相连，其输入、输出接线如图 7 – 35 所示。若要对该电动机做星形 – 三角形减压起动，其输入接线不变，则输出需要 3 个输出点分别驱动主接触器、星形起动接触器和星形 – 三角形运行接触器线圈。输入、输出接线图如图 7 – 36 所示。虽然图 7 – 36 和图 7 – 37 的输入接线相同，但由于梯形图及对应的内部程序不同，控制功能完全不同。

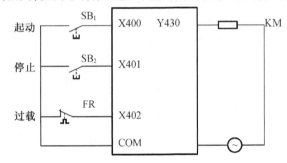

**图 7 – 35  起停控制的输入、输出接线图**

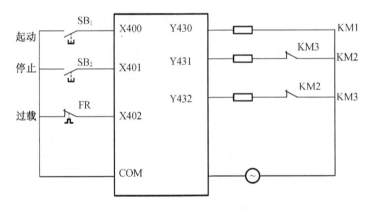

**图 7 – 36  星形 – 三角形减压起动的输入、输出接线图**

# 7.5  几种常用基本电路的 PLC 控制

第 6 章所讨论的继电接触器控制电路是硬接线路，它们的通用性、灵活性较差，如正、反转控制电路不能去做星形 – 三角形减压起动控制，刨床控制电路不能去控制车床或铣床。用 PLC 控制则很灵活：控制刨床的 PLC，只要改变输入、输出接线和控制程序，就可以用来控制车床和铣床。下面就一些常用控制电路来说明 PLC 的编程与控制。

### 7.5.1 定时器扩展的两种方法

F-40M 的定时器可定时 0~999 s,若要超过 999 s 的延时,可以用以下方法。

1. 多个定时器时间相加

抽水电动机在按起动按钮 SB 后运行抽水,30 min 后水箱水满,自动停机,要求电动机有过载保护。其主电路的输入、输出接线图和梯形图分别如图 7-37(a)、图 7-37(b)、图 7-37(c)所示。梯形图的设计基本与继电接触器控制电路的设计相同,SB 闭合时,输入继电器 X400 线圈通电,图 7-37(c)中 X400 常开触点闭合,Y430 通电并自锁。电动机运行时,图 7-37(c)中 Y430 常开触点接通 T450,900 s 后 T450 常开触点闭合,接通 T451 定时器,900 s 后 T451 常闭触点断开,Y430 断电,KM 断电,电动机停止。

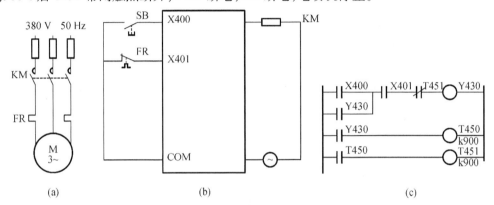

**图 7-37 抽水电动机的 PLC 控制电路**
(a)主电路;(b)PLC 接线图;(c)梯形图

对应于图 7-37(c)所示梯形图的 PLC 指令程序为

| 0 | LD | X400 |
|---|---|---|
| 1 | OR | Y430 |
| 2 | AND | X401 |
| 3 | ANI | T451 |
| 4 | OUT | Y430 |
| 5 | LD | Y430 |
| 6 | OUT | T450 |
| 7 | k | 900 |
| 10 | LD | T450 |
| 11 | OUT | T451 |
| 12 | k | 900 |
| 13 | END | |

电动机起动后运行时间为 T450 和 T451 定时之和:
$$t = (900 + 900)\,s = 1\,800\,s = 30\,min$$

2. 用定时器和计数器组合

上面的抽水电动机也可改用图 7-38 所示梯形图和对应的指令程序。

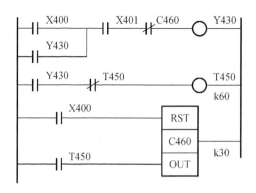

图 7－38　控制抽水电动机的梯形图

在 Y430 接通时，T450 每 60 s 通断一次，30 次后，C460 常闭触点断开，Y430 断电，电动机停止，故运行时间为

$$t = 60 \times 30 \ \text{s} = 1\ 800 \ \text{s} = 30 \ \text{min}$$

| 0 | LD | X400 |
|---|---|---|
| 1 | OR | Y430 |
| 2 | AND | X401 |
| 3 | ANI | C460 |
| 4 | OUT | Y430 |
| 5 | LD | Y430 |
| 6 | ANI | T450 |
| 7 | OUT | T450 |
| 10 | k | 60 |
| 11 | LD | X400 |
| 12 | RST | C460 |
| 13 | LD | T450 |
| 14 | OUT | C460 |
| 15 | k | 30 |
| 16 | END | |

### 7.5.2　三相笼型电动机的正、反转控制

控制要求：电动机正、反转，有过载保护，且过载是由灯光闪烁报警。

输入、输出端子分配：正、反转和停止按钮 SB1，SB2，SB3 常开触点分别控制输入继电器 X400，X401 和 X402，热继电器常闭触点控制 X403。输出继电器 Y430，Y431，Y432 分别控制正、反转接触器 KM1，KM2 和报警灯 HL，按以上分配得到图 7－39（a）所示输入、输出接线图。当 X400 和 X403 通电时；Y430 通电并自锁，当 X401，X403 通电时，Y431 通电并自锁；Y430，Y431 互锁。过载时，FR 常闭触点断开，X403 常开触点打开，Y430，Y431 断电，X403 常闭触点闭合，接通灯光闪烁电路。由此设计出图 7－20（b）所示的梯形图。

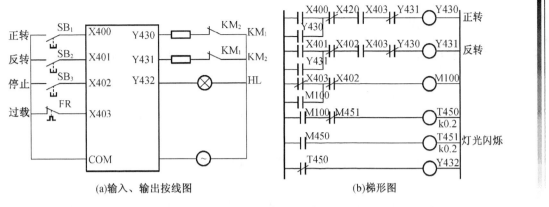

(a)输入、输出接线图　　　　　　(b)梯形图

**图 7 - 39　电动机正、反转且过载报警的 PLC 控制电路**

图 7 - 39(b)所示的梯形图可转换为如下的指令程序：

| 0 | LD | X400 |
|---|---|---|
| 1 | OR | Y430 |
| 2 | ANI | X402 |
| 3 | AND | X403 |
| 4 | ANI | Y431 |
| 5 | OUT | Y430 |
| 6 | LD | X401 |
| 7 | OR | Y431 |
| 10 | ANI | X402 |
| 11 | AND | X403 |
| 12 | ANI | Y430 |
| 13 | OUT | Y431 |
| 14 | LDI | Y403 |
| 15 | OR | M100 |
| 16 | ANI | X402 |
| 17 | OUT | M100 |
| 20 | LD | M100 |
| 21 | ANI | T451 |
| 22 | OUT | T450 |
| 23 | k | 0.2 |
| 24 | LD | T450 |
| 25 | OUT | T451 |
| 26 | k | 0.2 |
| 27 | LDI | T450 |
| 30 | OUT | Y432 |
| 31 | END | |

### 7.5.3 花式喷水的 PLC 控制

这里设计的花式喷水是由 4 个电磁阀 $YV_1 \sim YV_4$ 控制喷水头得到 4 种喷水花样,并分别配上红、绿、黄、蓝 4 种颜色的灯,即 $HL_1 \sim HL_4$。

用 PLC 控制花式喷水,其输入、输出点分配如下:

对于输入端,起动按钮 $SB_1$、复合花样选择按钮 $SB_2$ 和停止按钮 $SB_3$ 分别接到输入端 X400,X401 和 X402。输出端用 Y430 ~ Y433 分别驱动 $YV_1 \sim YV_4$ 及各自花色所配的灯光。按以上分配可画出其输入、输出接线图如图 7-40(a)所示。

喷水要求为按起动按钮 $SB_1$ 后,循环执行 4 种花样喷水,每种花样持续 1 min。若需要复合花样,用 $SB_2$ 控制,按 $SB_2$ 一次,每分钟出现两种喷水花样的组合,第一种、第二种花样共同喷水 1 min,转为第二种、第三种花样,1 min 后转为第三种、第四种花样……循环执行。按 $SB_2$ 2 次,每分钟出现 3 种喷水花样的组合。按 $SB_2$ 3 次,4 种喷水花样同时出现。要恢复成每分钟仅出现一种花样,只需按 $SB_1$ 即可。由以上控制要求,可设计出图 7-40(b)所示的梯形图。

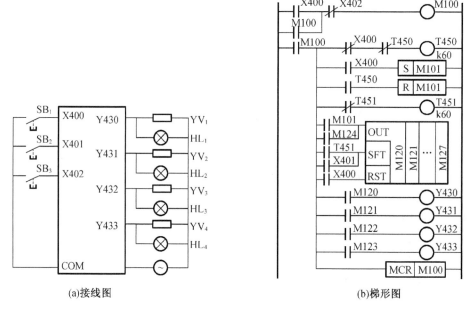

(a)接线图　　　　　　　　　　　(b)梯形图

**图 7-40　花式喷水的 PLC 控制电路**

| 0 | LD | X400 |
|---|---|---|
| 1 | OR | M100 |
| 2 | ANI | X402 |
| 3 | OUT | M100 |
| 4 | MC | M100 |
| 5 | LDI | X400 |
| 6 | ANI | T450 |
| 7 | OUT | T450 |
| 10 | k | 60 |

| | | |
|---|---|---|
| 11 | LD | X400 |
| 12 | S | M101 |
| 13 | LD | T450 |
| 14 | R | M101 |
| 15 | LDI | T451 |
| 16 | OUT | T451 |
| 17 | k | 60 |
| 20 | LD | M101 |
| 21 | OR | M124 |
| 22 | OUT | M120 |
| 23 | LD | T451 |
| 24 | OR | X401 |
| 25 | SFT | M120 |
| 26 | LD | X400 |
| 27 | RST | M120 |
| 30 | LD | M120 |
| 31 | OUT | Y430 |
| 32 | LD | M121 |
| 33 | OUT | Y431 |
| 34 | LD | M122 |
| 35 | OUT | Y432 |
| 36 | LD | M123 |
| 37 | OUT | Y433 |
| 40 | MCR | M100 |
| 41 | END | |

上面是几种简单的 PLC 控制电路设计编程的举例,所使用的 PLC 是三菱公司生产的 F - 40M 小型机。PLC 的指令语言远不止上面所介绍的这些,尤其是中型机、大型机、不仅要进行逻辑控制,还要进行运算、数据通信等,远比上面介绍的要复杂得多。另外,不同厂家生产的 PLC,它的指令语言,甚至规定的梯形图、线圈、触点、符号都不一样。因此,在做 PLC 设计控制前,一定要多看几本 PLC 编程及应用方面的参考书,要仔细阅读所要使用的 PLC 的用户手册或使用说明书,详细了解其符号及指令语言。只有这样,才能根据控制要求设计好梯形图,才能将梯形图转换成正确的指令程序,才能很好地实现 PLC 对设备的自动控制。

## 【本章小结】

可编程控制器(PLC)是运用计算机技术面向工业控制的微型计算机系统。PLC 具有功能齐全、可靠性高、编程方便等优点。PLC 由中央处理单元(CPU)、存储器(RAM、ROM、EPROM、EEPROM 等)、输入接口、输出接口、I/O 扩展接口、外部设备接口、电源等组成。PLC 的编程语言常用的表示方式有梯形图、功能流程图、逻辑功能图、指令语句等。在实际应用中可根据生产系统的需要,选择不同型号、不同性能的 PLC。

# 习 题 7

1. 从应用角度考虑,PLC 每个输入点可看作什么? 输入继电器可用什么驱动? 每一个输出点可看作什么? 输出继电器可用什么驱动?

2. 编程元件移位寄存器由什么组成? 左边 3 个端子各有何功能? 使用移位寄存器要注意什么?

3. 编写图 7-41 所示梯形图的指令程序。

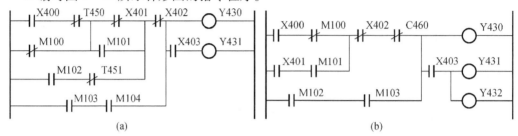

(a)                                          (b)

**图 7-41**

4. 按下列指令程序画出梯形图

| (1) LD | X400 | ORI | M403 |
|---|---|---|---|
| ANI | M100 | AND | T450 |
| LD | M101 | ORB | |
| AND | M102 | ANB | |
| ORB | | OUT | Y430 |
| LDI | X401 | OUT | Y431 |
| AND | X402 | AND | Y431 |
| LDI | X403 | OUT | Y432 |
| (2) LDI | T450 | OUT | M110 |
| OUT | T450 | LD | T451 |
| K | 120 | SFT | M110 |
| LD | M71 | LD | M71 |
| S | M100 | OUT | M110 |
| LD | T450 | LD | M110 |
| R | M100 | OUT | TY430 |
| LDI | T451 | LD | M111 |
| OUT | T451 | OUT | Y430 |
| K | 120 | LD | M111 |
| LD | M100 | OUT | Y432 |
| OR | M123 | | |

5. 用 PLC 中的脉冲指令控制电动机正、反转,有热继电器做过载保护。要求画出输入、输出接线图、梯形图并写出指令程序。

6. 一台电动机要求每次起动运行 3 h 后自动停止,有热继电器做过载保护,并要求过载时有灯光闪烁报警。请设计其 PLC 控制电路及程序。

7. 用 PLC 控制两台电动机。要求起动后,第一台电动机运行,30 s 后,两台电动机同时运行,30 min 后,第二台停止,30 s 后,第一台也停止。两台电动机均有热继电器做过载保护。请画出 PLC 的输入、输出接线图、梯形图并写出指令程序。

8. 一台电动机带动钢轨自动小车。要求按起动按钮后电动机正转,小车前进到装料点,碰行程开关 SQ2,小车停止 60 s 装料,然后自动返回到原处。碰行程开关 SQ2,小车停止 40 s 卸货,然后又自动前行,往复循环。按停止按钮,小车停止。请画出 PLC 的输入、输出接线图、梯形图并写出指令程序。

# 第8章 供电与安全用电

## 【本章要点】

本章概述发电、输电、工业企业供配电、安全用电等内容,作为本课程的基本知识,学生可以自学。

## 8.1 发电和输电概述

### 8.1.1 发电

发电厂是电力系统中的电能生产环节,其功能是将一次能源(如煤、石油、水力、天然气等能源)转换为电能。发电厂按照所利用的能源种类可分为火电厂、水电厂、核电厂及其他类型(风能、太阳能、地热能等)的发电厂。火电厂利用锅炉和汽轮机将煤、石油和天然气的化学能转换为机械能,再利用发电机将机械能变为电能。在我国,火电厂中以煤电厂为主,约占85%。图8-1为煤电厂生产过程示意图。水电厂利用拦河坝将水位抬高形成水流落差,冲动水轮机将水的势能转换为机械能,再利用发电机将机械能变为电能。图8-2为水电厂生产过程示意图。截至2013年底,我国全国火电总装机容量约为 $8.6 \times 10^8$ kW,水电总装机容量约为 $2.8 \times 10^8$ kW。核电厂利用核反应堆,使铀235核裂变和重氢核聚变产生热能带动汽轮机,再带动发电机发电。图8-3为核电厂生产过程示意图。我国核电厂正处于发展阶段,目前已建成浙江秦山、广东大亚湾和江苏田湾三个核电基地。截至2013年底,我国共有17台核电机组相继运行,总装机容量约 $1.475 \times 10^7$ kW。

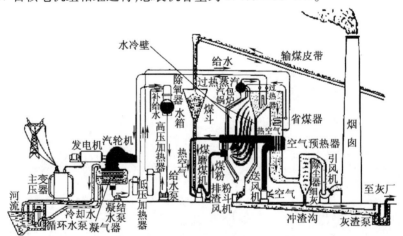

**图8-1 煤电厂生产过程示意图**

各种发电厂中的发电机几乎都是三相同步发电机,由定子和转子两个基本部分组成。

定子由机座、铁芯和三相绕组等组成,与三相异步电动机或三相同步电动机的定子基本一样。同步发电机的定子常称为电枢。

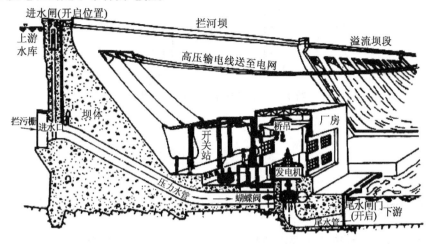

图 8 - 2　水电厂生产过程示意图

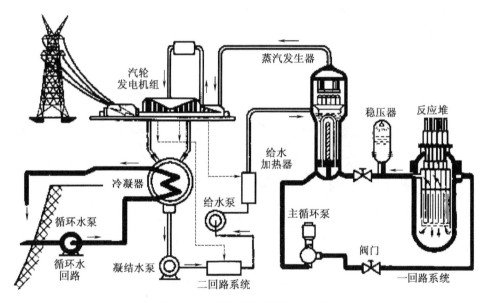

图 8 - 3　核电厂生产过程示意图

### 8.1.2　输电

　　大中型发电厂大多建在产煤地区或水力资源丰富的地区附近,距离用电地区往往是几十公里、几百公里甚至一千公里以上。所以,发电厂生产的电能要用高压输电线输送到用电地区,再经较低电压等级的电压输送至各用户。输电的主要设备是变压器和输电线路,为了保证输电的经济性,减少输电损耗,采用高压输电;同时,为了保证供电的可靠性、持续性和发电机组的稳定性,提高各发电厂的设备利用率,合理调配各发电厂的负载,同一电压等级的输电线相互连接形成网状,称为电力网。

　　除交流输电外,还有直流输电,其结构原理如图 8 - 4 所示。整流是将交流变换为直流,逆变则反之。直流输电的能耗较小,无线电干扰较小,输电线路造价也较低,但逆变和整流部分较为复杂。

图 8-4　直流输电线路的结构原理

## 8.2　工业企业配电

### 8.2.1　配电系统

配电系统是电力系统的重要组成部分,由不同电压等级的配电线路、变压器和开关组成。按电压等级分为高压配电系统(35 ~ 110 kV)、中压配电系统(6 ~ 10 kV)和低压配电系统(220 ~ 380 V);按供电区域分为城市配电网、农村配电网和工业企业配电网。图 8-5 为配电系统示意图。

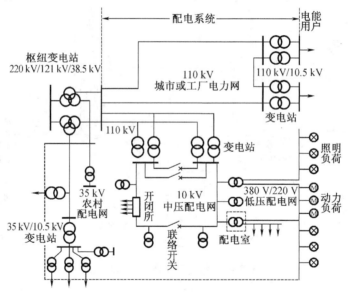

图 8-5　配电系统示意图

工业企业配电系统在电力系统中相当于一个电力负荷,从输电线末端的变电所将电能分配给各工业企业和城市。工业企业设有中央变电所和车间变电所(小规模的企业往往只有一个变电所,甚至一个变压器)。中央变电所接收送来的电能,然后分配到各个车间,再由车间变电所或配电箱(配电屏)将电能分配给各用电设备。高压配电系统的额定电压有 35 kV 和 110 kV,中压配电系统的额定电压有 3 kV,6 kV 和 10 kV,低压配电线的额定电压是 380 V/220 V。用电设备的额定电压多半是 220 V 和 380 V,大功率电动机的电压是 3 000 V 和 6 000 V,机床局部照明的电压是 36 V。

### 8.2.2　配电系统的接线

不管是高压配电网、中压配电网,还是低压配电网,其接线方式根据供电可靠性的要求分为有备用和无备用两大类。如图8-6所示,图8-6(a)、图8-6(b)、图8-6(c)是无备用接线方式,图8-6(d)至图8-6(i)是有备用接线方式。

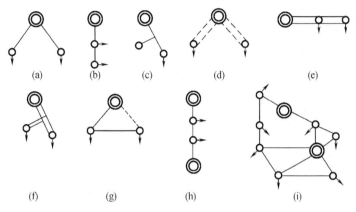

图 8-6　配电系统接线方式

# 8.3　安 全 用 电

电是摸不着、看不见的,一旦发生用电事故,结果很严重。所以,用电安全的知识尤为重要,用电安全包括人身安全和设备安全。若发生人身事故,轻则灼伤,重则死亡;若发生设备事故,则会损坏设备,而且容易引起火灾或爆炸。下面介绍有关安全用电的几个问题。

### 8.3.1　电流对人体的危害

不慎触及带电体而发生的触电事故,会使人体受到各种不同的伤害。根据伤害性质可分为电击和电伤两种。电击是指电流通过人体,使内部器官组织受到损伤。如果受害者不能迅速摆脱带电体,最后会造成死亡事故。

电伤是指在电弧作用下或熔丝熔断时,对人体外部造成的伤害,如烧伤、金属溅伤等。根据大量触电事故资料的分析和实验,证实电击所引起的伤害程度与下列因素有关。

1. 人体电阻的大小

人体的电阻越大,通入的电流越小,伤害程度也就越轻。根据研究结果可知,当皮肤有完好的角质外层并且很干燥时,人体电阻为 $10^4 \sim 10^5 \Omega$;当角质外层被破坏时,则人体电阻下降到 $800 \sim 1\,000\ \Omega$。

2. 电流通过时间的长短

电流通过人体的时间越长,则伤害越严重。

3. 电流的大小

如果通过人体的电流在 0.05 A 以上,就有生命危险。一般来说,接触 36 V 以下的电压时,通过人体的电流不超过 0.05 A,故把 36 V 的电压作为安全电压。如果在潮湿的场所,安全电压还要规定得低一些,通常是 24 V 或 12 V。

**4.电流的频率**

直流和频率为 50 Hz 左右的交流电对人体的伤害最大,而 20 kHz 以上的交流电对人体无危害,高频电流还可以治疗某些疾病。

### 8.3.2 触点方式

**1.接触正常带电体**

(1)电源中性点接地系统的单相触电,如图 8－7 所示。这时人体处于相电压之下,危害性较大。如果人体与地面的绝缘较好,危害性可以大大减小。

(2)电源中性点不接地系统的单相触电,如图 8－8 所示。这种触电也有危险。一般看来,似乎电源中性点不接地,不能构成电流通过人体的回路。其实不然,要考虑导线与地面间的绝缘可能不良(对地绝缘电阻为 $R'$),甚至有一相接地,在这种情况下人体中就有电流通过。在交流的情况下,导线与地面间存在的电容也可构成电流的通路。

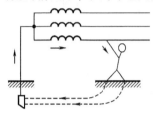 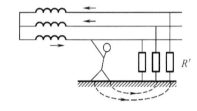

**图 8－7　中性点接地系统的单相触电**　　**图 8－8　中性点不接地系统的单相触电**

(3)两相触电,如图 8－9 所示。人体处于线电压下,后果比单相触电严重,但这种情况不常见。

**2.接触正常不带电的金属体**

触电的另一种情形是接触正常不带电的部分。例如,电机的外壳本来是不带电的,由于绕组绝缘损坏而与外壳相接触,使它也带电。人手触及带电的电机(或其他电气设备)外壳,相当于单相触电,如图 8－10 所示。大多数触电事故属于这一种。为了防止这种触电事故,对电气设备常采用保护接地和保护接零(接中性线)的保护装置。

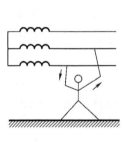 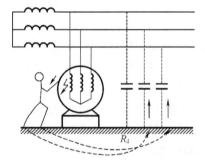

**图 8－9　两相触电**　　　　**图 8－10　接触非正常带电的金属体触电**

### 8.3.3 接地和接零

为了人身安全、设备安全和电力系统工作的需要,电气设备应采取接地措施。按接地口的不同,主要可分为工作接地、保护接地和保护接零 3 种,如图 8－11 所示。图 8－11 中的接地体是埋入地中并且直接与大地接触的金属导体。

1. 工作接地

电力系统由于运行和安全的需要,常将中性点接地,这种接地方式称为工作接地。工作接地有下列目的。

(1)降低触电电压

在中性点不接地的系统中,当一相接地而人体触及另外两相之一时,触电电压将为相电压的 3 倍,即为线电压。而在中性点接地的系统中,则在上述情况下,触电电压就降低到等于或接近相电压。

(2)迅速切断故障设备

在中性点不接地的系统中,当一相接地时,接地电流很小(因为导线和地面间存在电容和绝缘电阻,也可构成电流的通路),不足以使保护装置动作而切断电源,接地故障不易被发现,将长时间持续下去,形成安全隐患。而在中性点接地的系统中,一相接地后的接地电流较大(接近单相短路),保护装置能够迅速动作,断开故障点。

(3)降低电气设备对地的绝缘水平

在中性点不接地的系统中,一相接地时将使另外两相的对地电压升高到线电压。而在中性点接地的系统中,一相接地时就不会跳闸而发生停电事故。另外,一相接地故障可以允许短时存在,以便寻找故障和修复。

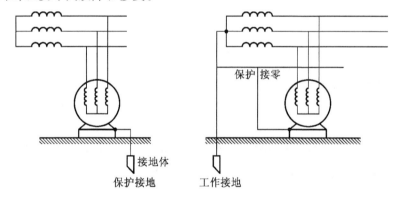

图 8 - 11　接地和接零示意图

2. 保护接地

保护接地是将电气设备的金属外壳(正常情况下是不带电的)接地,宜用于中性点不接地的低压系统中。图 8 - 12(a)是电动机的保护接地电流分布图,可分以下两种情况来分析。

(1)当电动机某一相绕组的绝缘损坏使外壳带电而外壳接地的情况下,人体触及外壳,相当于单相触电,这时接地电流 $I_e$(经过故障点流入地中的电流)的大小决定于人体电阻 $R_b$ 和绝缘电阻 $R'$,当系统的绝缘性能下降时,就有触电的危险。

(2)当电动机某一相绕组的绝缘损坏使外壳带电且外壳接地的情况下,人体触及外壳时,由于人体的电阻 $R_b$ 与接地电阻 $R_0$ 并联,且通常 $R_b \gg R_0$,所以通过人体的电流很小,不会有危险。这就是保护接地保证人身安全的原理。

3. 保护接零

保护接零就是将电气设备的金属外壳接到零线(或中性线)上,宜用于中性点接地的低压系统中。

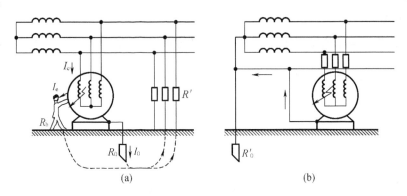

**图 8-12  接地和接零电流分布示意图**

图 8-12(b)所示的是电动机的保护接零电流分布图。当电动机某一相绕组的绝缘损坏而与外壳相接时,就形成单相短路,迅速将这一相中的熔丝熔断,因而外壳不带电。即使在熔丝熔断前人体触及外壳时,由于人体电阻远大于线路电阻,通过人体的电流也是极为微小的。

为什么在中性点接地的系统中不采用保护接地呢? 因为若采用保护接地时,当电气设备的绝缘损坏时,接地电流为

$$I_e = \frac{U_P}{R_0 + R_0'}$$

式中,$U_P$ 为系统的相电压;$R_0$ 和 $R_0'$ 分别为保护接地和工作接地的保护电阻。

如果系统电压为 380/220 V,$R_0 = R' = 4\ \Omega$,则接地电流为

$$I_e = \frac{220}{4+4}\ V = 27.5\ V$$

为了保证保护装置能可靠地动作,接地电流不应小于继电保护装置动作电流的 1.5 倍或熔丝额定电流的 3 倍。因此,27.5 A 的接地电流应选择不超过 $\frac{27.5}{3}\ V = 9.2\ V$ 的熔丝。

如果电气设备容量较大,就得不到保护,接地电流长期存在,外壳也将长期带电,其对地电压为

$$U_e = \frac{U_P}{R_0 + R_0'}R_0$$

如果 $U_P = 220\ V$, $R_0 = R' = 4\ \Omega$,则 $U_e = 110\ V$,此电压值对人体是不安全的。

4. 保护接零与重复接地

在中性点接地系统中,除采用保护接零外,还要采用重复接地,就是将零线相隔一定距离多处进行接地,如图 8-13 所示。

在图 8-13 中,当零线在 × 处断开而电动机一相碰壳时:

(1)如无重复接地,人体触及外壳相当于单相触电,是有危险的。

(2)如有重复接地,由于多处重复接地的接地电阻并联,使外壳对地电压大大降低,减小了危险程度。

为了确保安全,零干线必须连接牢固,开关和熔断器不允许装在零干线上。但引入住宅和办公场所的一根相线和一根零线上一般都装有双刀开关,并都装有熔断器以增加短路

时熔断的机会。

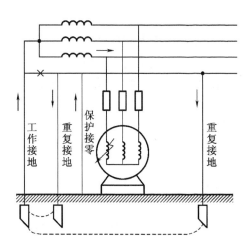

图 8 - 13　保护接零与重复接地示意图

5. 工作零线与保护零线

在三相四线制系统中,由于负载往往不对称,零线中有电流,因而零线对地电压不为零,距电源越远,电压越高,但一般在安全值以下,无危险性。为了确保设备外壳对地电压为零,专设保护零线 $E$,如图 8 - 14 所示。工作零线在进建筑物入口处要接地,进户后再另设一保护零线,这样就成为三相五线制。所有的接零设备都要通过三孔插座($L,N,E$)接到保护零线上。在正常工作时,工作零线中有电流,保护零线中不应有电流。

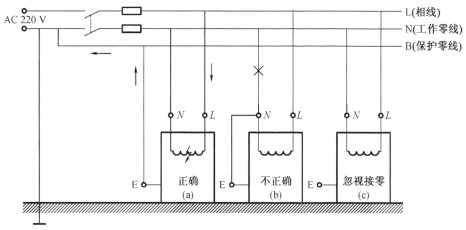

图 8 - 14　三相五线制接线示意图

图 8 - 14(a)是正确连接,当绝缘损坏、外壳带电时,短路电流经过保护零线,将熔断器熔断,切断电源,消除触电事故。图 8 - 14(b)是不正确连接,因为在×处断开时,绝缘损坏后外壳带电,将会发生触电事故。有的用户在使用日常电器(如手电钻、电冰箱、洗衣机、台式电扇等)时,忽视外壳的接零保护,插上单相电源就用,如图 8 - 14(c)所示,这是十分不安全的连接。一旦绝缘损坏,外壳也就带电了。

### 8.3.4　电气防火防爆

电气设备发生事故时,很容易造成火灾或爆炸。电气线路、开关、熔丝、照明器具、电动机、电炉及电热器具等设备在出现事故或使用不当时,会产生电火花、电弧或发热量大大增加,此时,当接近或接触可燃物体,就会引起火灾。电力变压器、互感器、电力电容器等设备,除可能引起火灾以外,还可能发生爆炸。

一般来说,引起电气火花或爆炸的主要原因有电气设备内部出现短路,电气设备严重过载,电路中的触点接触不良,电气设备或线路的绝缘损坏或老化,电气设备中的散热部件或通风设施损坏等。

对于有火灾或爆炸危险的场所。在选用和安装设备时,应选择合理的类型,如防爆型、密封型、防尘型等。为防止火灾或爆炸,应严格遵守安全操作规程和相关规定,确保电气设备的安全、正常运行。同时,安排定期检查,确保通风良好,排除事故隐患;装设通用或专用消防设备。

### 8.3.5　静电防护

静电荷的积累堆积形成静电,电荷越多,电位越高。绝缘体之间相互的摩擦会产生静电,日常生活中静电现象一般不会造成危害。

工业上有不少场合会产生静电,如石油、塑料、化纤、纸张等在生产和运输的过程中,由于固体的摩擦、气体和液体的混合及搅拌都可能产生积累静电,静电电压有时可达几万伏。高的静电电压不仅给工作人员带来危害,而且当发生静电放电形成火花时,可能引起火灾和爆炸。例如,曾有巨型油轮和大型飞机因油料静电而引起火灾和爆炸等事故发生。

为了防止静电的危害发生,基本的方法是限制静电的产生和积累,防止静电放电而引起火花。常见的措施如下:

(1)限制静电的产生。例如,减少摩擦,防止传动带打滑,降低气体、粉尘和液体的流速。

(2)给静电提供转移和泄漏的路径。尽量采用导电材料制造容易产生静电的零部件。在绝缘物质中掺入导电物质,适当增加空气的相对湿度。

(3)利用异极性电荷中和静电。

(4)采用防静电接地。

### 8.3.5　触电现场急救

1.迅速脱离电源

发生触电事故时,首先要设法马上切断电源,使触电者脱离受电流伤害的状态,这是对触电者能否抢救成功的首要因素。其次要注意,当人体触电时,身上有电流流过,已成为带电体,同样会使抢救者触电。所以,必须先使触电者脱离电源后,方可抢救。使触电者脱离电源的方法很多,如:

(1)出事附近有电源开关或电源插头时,应立即将闸刀拉开或将插头拔掉,以切断电源。但普通的电灯开关(如拉线开关)只能断开一根线,有时断开的不一定是相线,所以不能肯定电源已切断。

(2)当电线触及人体导致触电时,一时无法找到并断开电源开关时,可用绝缘的物体

（如干燥的木棒、竹竿、绝缘手套）将电线移掉，使触电者脱离电源。必要时可用绝缘工具（带有绝缘柄的电工钳、木柄的斧以及锄头等）切断电线，以断开电源。

脱离电源后，人体的肌肉不再受电流刺激，会立即放松、自行摔倒，造成新的外伤（如颅底骨折等），特别在高空时更是危险。所以，脱离电源时要注意安全，需有响应的措施配合，避免此类情况发生，决不可误伤他人，将事故扩大。

2. 现场急救方法

当触电者脱离电源后，应当根据触电者的具体情况，迅速地对症进行救护。现场应用的主要救护方法是人工呼吸法和胸外心脏按压法。

（1）如果触电者伤势不重，神志清醒，但是有些心慌、四肢发麻、全身无力；或者触电者在触电的过程中曾经一度昏迷，但已经恢复清醒。在这种情况下，应当使触电者在安静的环境休息，不要随意走动，严密观察，并请医生前来诊治或送往医院。

（2）如果触电者伤势比较严重，已经失去知觉，但仍有心跳和呼吸，这时应当使触电者舒适、安静地平卧，保持空气流通。同时，揭开他的衣服，以利于呼吸，如果天气寒冷，要注意保温，并要立即请医生前来诊治或送往医院。

（3）如果触电者伤势严重、呼吸停止或心脏停止跳动或两者都已停止时，则应立即实行人工呼吸和胸外心脏按压，并迅速请医生前来诊治或送往医院。

应当注意，急救药尽快地进行，不能等候医生的到来，在送往医院的途中，也不能终止急救。

# 8.4　防雷保护

雷电直接对建筑物或其他物体放电，产生破坏性很大的热效应和机械效应，这叫作直击雷。另一种是落雷处邻近物体因静电感应或电磁感应产生高电位所引起的放电，叫作感应雷。再一种是落雷时沿架空线引入的高电位。雷击可造成设备及建筑物损坏，引起火灾以及人身伤亡等。

## 8.4.1　防雷措施

1. 架空线路的防雷措施

（1）架设避雷线。这是很有效的防雷措施，但造价较高，所以只在 60 kV 及以上的架空线路上，才沿全线装设避雷线。在 35 kV 及以下的架空线路上，一般只在进出变电所的一段线路上装设。

（2）提高线路本身的绝缘水平。

（3）装设避雷器和保护间隙，通常仅用于线路上个别特别高的杆塔、带拉线的杆塔、木杆线路中的个别金属杆塔以及线路的交叉跨越处等地方。

2. 变电所的防雷措施

（1）装设避雷针，用来保护整个变电所的建筑物，使之免遭雷击。避雷针可单独立杆，也可利用户外配电装置的构架或杆塔，但变压器的门型构架不能用来装设避雷针，以免雷击产生的过电压对变压器闪络放电。

（2）高压侧装设阀型避雷器或保护间隙。这主要用来保护主变压器，要求避雷器或保护间隙尽量靠近变电所安装，其接地线应与变压器低压中性点及金属外壳连在一起接地。

（3）低压侧装设阀型避雷器或保护间隙。这主要是在多雷区用来防止雷电波由低压侧侵入而击穿变压器的绝缘。当变压器低压中性点为不接地的运行方式时,其中性点也应加装避雷器或保护间隙。

3.建筑物的防雷措施

（1）对直击雷的防护措施

据试验证明,建筑物的雷击部位与屋顶坡度有关。

平屋顶的建筑物,雷击部位为屋顶四周,特别是屋顶四只角的雷击率最高。

15°的坡屋面,雷击部位在两端山墙屋檐,也是屋顶四只角雷击率最高。

30°的坡屋面,雷击部位在屋脊和两端山墙,屋脊为最多。

45°的坡屋面,雷击部位基本不在屋脊,屋脊两端为最多。

（2）对高电位侵入的防护措施

在进户线墙上安装保护间隙,或者将瓷瓶的铁脚接地,其接地电阻应小于 10 Ω,允许与防护直击雷的接地装置连在一起。

## 8.4.2 防雷设备

1.接闪器

接闪器就是专门用来接受雷击的金属体,如避雷针、避雷带、避雷线及避雷网等。这些接闪器都经过引下线与接地体相连。

（1）避雷针

避雷针一般用镀锌圆钢或镀锌焊接钢管制成,其长度在 1.5 m 以上时,圆钢直径不小于 10 mm,钢管直径不小于 20 mm,管壁厚度不小于 2.75 mm。当避雷针的长度在 3 m 以上时,需用几节不同直径的钢管组合起来。

避雷针与接地极之间要有引下线连接,其引下线采用圆钢,直径不小于 8 mm;如采用扁钢,厚度不小于 4 mm,截面积不小于 48 mm$^2$。

避雷针的保护范围,以它对直击雷的保护的空间来表示。

（2）避雷线

避雷线一般用截面积不小于 35 mm$^2$ 的镀锌钢绞线,架设在架空线路之上,以保护架空线路免受直接雷击。避雷线的作用原理与避雷针相同,知识保护范围小一些。

2.避雷器

避雷器用来防护雷电产生的大气过电压,沿线侵入变电所或其他建筑物内,以免高电位危害设备的绝缘。它应与被保护的设备并联,当线路上出现危及设备绝缘的过电压时,它就对地放电。

# 8.5 漏电开关

漏电开关,供预防人身触电和预防漏电火灾事故使用。

## 8.5.1 漏电开关的工作原理

常用的电流动作型漏电开关,适用于电流在 60 A 及以下,频率为 50 ～ 60 Hz 的电源中性点接地的三相四线制低压（380/220 V）电网中,其电路原理如图 8 - 15 所示。

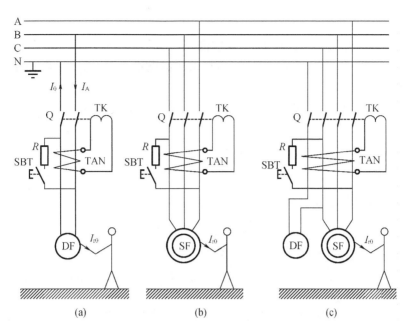

图 8 - 15　漏电开关电路原理图

图 8 - 15 中, TAN 是零序电流互感器; TK 是漏电脱扣器; Q 是开关; $R$ 是试验电阻; SBT 是试验按钮; $I_0$ 是漏电电流; DF 是单相负载; SF 是三相负载。图 8 - 15(a)所示为二极漏电开关, 适用于电灯、电扇、电视机、电冰箱、洗衣机以及电动工具等的单相电源电路中。在正常情况下, 穿过零序电流互感器(TAN)环形铁芯的电流 $I_A$ 和经过负载穿过环形铁芯回到电源中性线的电流 $I_0$ 的大小相等, 方向相反。因为由 $I_A$ 和 $I_0$ 所组成的合成励磁磁势为零, 所以互感器铁芯中磁通量为零, 二次侧无感应电压, 漏电开关保持在正常供电状态。当负载侧出现漏电电流 $I_{r0}$ 时, $I_A$ 和 $I_0$ 就不相等, 合成励磁磁通势就不为零, 电流互感器的二次侧就有感应电压, 当 $I_{r0}$ 达到一定值时, 漏电脱扣器 TK 动作, 并带动开关 Q 断开, 故障电路即被切断。图 8 - 15(b)所示为三极漏电开关, 适用于三相电动机等负载。图 8 - 15(c)所示为四极漏电开关, 适用于三相及单相混合负载。图 8 - 15(b)、图 8 - 15(c)这两种开关, 不论三相负载对称与否, 只要负载侧漏电电流为零, 那么穿过电流互感器的各导线电流的向量和也为零, 互感器二次侧就不产生感应电压。当负载侧出现漏电, 且 $I_{r0}$ 达到一定值时, 电流互感器二次侧就产生足够的电压, 使漏电脱扣器 TK 动作, 并带动开关 Q 断开。

### 8.5.2　漏电开关的选择

1. 漏电开关过电流脱扣器额定电流的选择

(1)保护电动机用漏电开关, 过电流脱扣器额定电流应等于或略大于电动机的额定电流。

(2)保护配电线路用漏电开关, 过电流脱扣器额定电流应等于或略大于全部用电设备计算负载电流的总和。

2. 漏电开关额定漏电动作电流的选择

(1)有保护接地时, 加装漏电开关或漏电继电器后, 对接地电阻值的要求, 可显著放宽。

(2)有保护接零时, 因零线电阻通常甚小, 故额定漏电动作电流可选较大值, 例如

100 mA以上。

(3)既无保护接零又无保护接地时,额定漏电动作电流通常为15～30 mA。

(4)装于分支线路上,预防漏电火灾、爆炸事故的漏电开关,额定漏电动作电流通常选用100 mA及以上。

(5)总线上漏电开关的额定漏电动作电流,应大于分支线上漏电开关的额定漏电动作电流。

(6)为避免漏电开关误动作,额定漏电动作电流应大于所控制的电路及用电设备正常泄漏电流的一倍以上。

### 三、漏电开关的安装与维护

(1)安装漏电开关之前,应检查所控制的电路和用电设备的绝缘是否良好(正常泄漏电流不应超过漏电开关二次侧漏电动作电流的二分之一)。

(2)新安装的漏电开关,应在带电状态下,用试验按钮检查漏电保护性能是否正常,以后每1～3个月试验检查一次。

(3)安装漏电开关以后,原有保护接零或保护接地不但不能拆除,而且,每3～6个月还应对接零、接地装置进行检查,看其是否可靠。

(4)漏电开关脱扣动作后,应及时查明原因,排出故障后,方可再次合闸。

### 【本章小结】

本章首先介绍发电、配电和安全用电的基本知识。发电分为火力发电、水力发电、原子能发电、风力发电、太阳能发电、地热发电等类型。工业企业配电中的低压配电线路的连接方式主要有放射式和树干式两种。触电是人体接触带电体时,电流流过人体造成的伤害。根据伤害性质分为电击和电伤两种。我国的安全电压采用36 V和12 V两种。为预防触电事故的发生,在电路中采用保护接地和保护接零。针对电工测量的一些基本概念和电工测量的基本方法、手段进行了讲解和介绍,其次介绍了电工测量中常用的几种测量仪表,介绍了几种常用仪表的基本结构、工作原理、使用方法及其优缺点,以及电工仪表的选用和基本的测量方法。

# 习 题 8

1.试比较火电厂、水电厂和核电厂的异同,远距离输电采用高电压输电有什么优点?

2.电力网中有哪些电压等级?额定电压等级是实际的供电电压值吗?试分析发电机的发电原理。

3.配电系统有哪些接线方式,各用在哪些场合?都有哪些优、缺点?

4.在同一供电系统中为什么不能同时采用保护接地和保护接零?

5.为什么中性点不接地的系统中不采用保护接零?

6.区别工作接地、保护接地和保护接零。为什么在中性点接地系统中,除采用保护接零外,还要采用重复接地?

# 附　　录

## 附录 A　电工仪表简介

电工仪表是用于测量电压、电流、电能、电功率等电量和电阻、电感、电容等电路参数的仪表,在电气设备安全、经济、合理运行的监测与故障检修中起着十分重要的作用。电工仪表的结构性能及使用方法会影响电工测量的精确度,电工必须能合理选用电工仪表,而且要了解常用电工仪表的基本工作原理及使用方法。

### A.1　电工仪表的分类及符号

常用电工仪表有直读指示仪表,它把电量直接转换成指针偏转角,如指针式万用表;比较仪表,它与标准器比较,并读取二者比值,如直流电桥;图示仪表,它显示二个相关量的变化关系,如示波器;数字仪表,它把模拟量转换成数字量直接显示,如数字万用表。常用电工仪表按其结构特点及工作原理分类有磁电式、电磁式、电动式、感应式、整流式、静电式和数字式等。

为了表示常用电工仪表的技术性能,在电工仪表的表盘上有许多符号,如被测量单位的符号、工作原理符号、电流种类符号、准确度等级符号、工作位置符号和绝缘强度符号等。

图 A-1 为 1T1-A 型交流电流表。

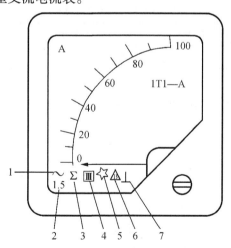

**图 A-1　1T1-A 型交流电流表**

1—电流种类符号,"～"为交流;2—仪表准确度等级 1.5;3—仪表工作原理符号,图示符号为电磁式;
4—防外磁场等级符号,为Ⅲ级;5—绝缘强度等级符号,仪表绝缘可经受 2 kV,1 min 耐压试验;
6—B 组仪表;7—工作位置符号,表示盘面应位于垂直方向;

## A.2 仪表准确度等级

### A.2.1 仪表的误差

仪表的误差是指仪表的指示值与被测量的真实值之间的差异,它有以下三种表示形式。

1. 绝对误差

它是仪表指示值与被测量的真实值之差,即

$$\Delta X = X - X_0$$

式中,$X$ 为被测物理量的指示值;$X_0$ 为真实值;$\Delta X$ 为绝对误差。

2. 相对误差

它是绝对误差 $\Delta X$ 对被测量的真实值 $X_0$ 的百分比,用 $\delta$ 表示,即

$$\delta = \frac{\Delta X}{X_0} \times 100\%$$

3. 引用误差

它是绝对误差 $\Delta_X$ 对仪表量程 $A_{max}$ 的百分比。

仪表的误差分为基本误差和附加误差两部分。基本误差是由于仪表本身特性及制造、装配缺陷所引起的,基本误差的大小是用仪表的引用误差表示的;附加误差是由仪表使用时的外界因素影响所引起的,如外界温度、外来电磁场、仪表工作位置等。

### A.2.2 仪表准确度等级

仪表准确度等级共七个,见表 A-1。

表 A-1 准确度等级

| 准确度等级 | 0.1 | 0.2 | 0.5 | 1.0 | 1.5 | 2.5 | 5.0 |
|---|---|---|---|---|---|---|---|
| 基本误差/% | ±0.1 | ±0.2 | ±0.5 | ±1.0 | ±1.5 | ±2.5 | ±5.0 |

通常 0.1 级和 0.2 级仪表为标准表,0.5 级至 1.5 级仪表用于实验室,1.5 级至 5.0 级则用于电气工程测量。仪表的最大绝对误差 $\Delta_{X max}$ 与仪表量程 $A_{max}$ 之比称为仪表的准确度 $\pm K$,即

$$\pm K = \frac{\Delta_{X max}}{A_{max}} \times 100\%$$

表示准确度等级的数字愈小,仪表准确度越高。选择仪表的准确度必须从测量的实际出发,不要盲目提高准确度,在选用仪表时还要选择合适的量程,准确度高的仪表在使用不合理时产生的相对误差可能会大于准确度低的仪表。

如测量 25 V 电压,选用准确度 0.5 级、量程 150 V 的电压表,测量结果中可能出现的最大绝对误差,由

$$\pm K = \frac{\Delta U_{max}}{A_{max}}$$

$$\Delta U_{max1} = \pm 0.5\% \times 150 = \pm 0.75 \text{ V}$$

测量 25 V 时的最大相对误差为

$$\delta_{max1} = (\Delta U_{max1}/U) \times 100\% = (\pm 0.75/25) \times 100\% = \pm 3\%$$

如果选用准确度 1.5 级、量程 30 V 的电压表,则测量结果中可能出现的最大绝对误差为

$$\Delta U_{max2} = \pm 1.5\% \times 30 = \pm 0.45 \text{ V}$$

测量 25 V 时的最大相对误差为

$$\delta_{max2} = (\Delta U_{max2}/U) \times 100\% = (\pm 0.45/25) \times 100\% = \pm 1.8\%$$

所以,测量结果的精确度,不仅与仪表的准确度等级有关,而且与它的量程也有关。因此,通常选择量程时应尽可能使读数占满刻度 2/3 以上。

# 附录 B　常用电工工具及仪表的使用

## B.1　试电笔

### B1.1　试电笔的使用

使用时,必须手指触及笔尾的金属部分,并使氖管小窗背光且朝自己,以便观测氖管的亮暗程度,防止因光线太强造成误判断,其使用方法如图 B-1 所示。

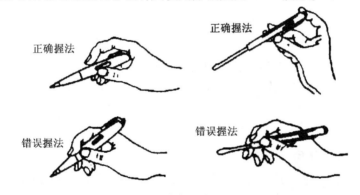

**图 B-1　试电笔的使用方法**

当用电笔测试带电体时,电流经带电体、电笔、人体及大地形成通电回路,只要带电体与大地之间的电位差超过 60 V 时,电笔中的氖管就会发光。低压验电器检测的电压范围为 60 ~ 500 V。

### B.1.2　注意事项

(1)使用前,必须在有电源处对验电器进行测试,以证明该验电器确实良好,方可使用。

(2)验电时,应使验电器逐渐靠近被测物体,直至氖管发亮,不可直接接触被测体。

(3)验电时,手指必须触及笔尾的金属体,否则带电体也会误判为非带电体。

(4)验电时,要防止手指触及笔尖的金属部分,以免造成触电事故。

## B.2　电工刀

电工刀实物示意图如图 B-2 所示。

B-2 电工刀示意图

在使用电工刀时不得用于带电作业,以免触电。应将刀口朝外剖削,并注意避免伤及手指。

剖削导线绝缘层时,应使刀面与导线成较小的锐角,以免割伤导线。

使用完毕,立即将刀身折进刀柄。

## B.3 螺丝刀

### B.3.1 螺丝刀使用

(1)螺丝刀较大时,除大拇指、食指和中指要夹住握柄外,手掌还要顶住柄的末端以防旋转时滑脱。

(2)螺丝刀较小时,用大拇指和中指夹着握柄,同时用食指顶住柄的末端用力旋动。

(3)螺丝刀较长时,用右手压紧手柄并转动,同时左手握住起子的中间部分(不可放在螺钉周围,以免将手划伤),以防止起子滑脱。

### B.3.2 注意事项

(1)带电作业时,手不可触及螺丝刀的金属杆,以免发生触电事故。
(2)作为电工,不应使用金属杆直通握柄顶部的螺丝刀。
(3)为防止金属杆触到人体或邻近带电体,金属杆应套上绝缘管。

## B.4 钢丝钳

### B.4.1 钢丝钳的使用

钢丝钳在电工作业时,用途广泛。钳口可用来弯绞或钳夹导线线头,齿口可用来紧固或起松螺母,刀口可用来剪切导线或钳削导线绝缘层,侧口可用来铡切导线线芯、钢丝等较硬线材。钢丝钳各用途的使用方法如图B-3所示。

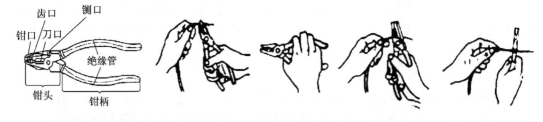

图B-3 钢丝钳的使用方法

### B.4.2 注意事项

(1)使用前,应检查钢丝钳绝缘是否良好,以免带电作业时造成触电事故。
(2)在带电剪切导线时,不得用刀口同时剪切不同电位的两根线(如相线与零线、相线与相线等),以免发生短路事故。

## B.5 尖嘴钳

尖嘴钳因其头部尖细(图 B-4),适用于在狭小的工作空间操作。

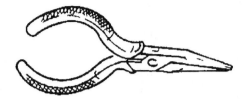

图 B-4 尖嘴钳示意图

尖嘴钳可用来剪断较细小的导线,夹持较小的螺钉、螺帽、垫圈、导线等,也可用来对单股导线整形(如平直、弯曲等)。若使用尖嘴钳带电作业,应检查其绝缘是否良好,并在作业时金属部分不要触及人体或邻近的带电体。

## B.6 斜口钳

专用于剪断各种电线电缆,如图 B-5 所示。

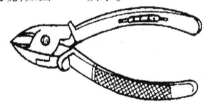

图 B-5 斜口钳示意图

对粗细不同、硬度不同的材料,应选用大小合适的斜口钳。

## B.7 剥线钳

剥线钳是专用于剥削较细小导线绝缘层的工具,其外形如图 B-6 所示。

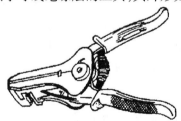

图 B-6 剥线钳示意图

使用剥线钳剥削导线绝缘层时,先将要剥削的绝缘长度用标尺定好,然后将导线放入相应的刀口中(比导线直径稍大),再用手将钳柄一握,导线的绝缘层即被剥离。

## B.8 电烙铁

### B.8.1 电烙铁的使用

(1)焊接前,一般要把焊头的氧化层除去,并用焊剂进行上锡处理,使得焊头的前端经常保持一层薄锡,以防止氧化、减少能耗,保持导热良好。

(2)电烙铁(图B-7)的握法没有统一的要求,以不易疲劳、操作方便为原则,一般有笔握法和拳握法两种,如图B-8所示。

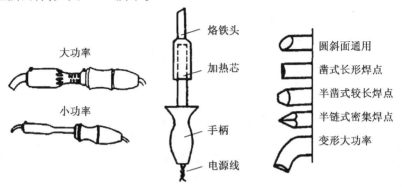

图B-7　电烙铁示意图

图B-8　电烙铁的握法

(a)笔握法;(b)拳握法

(3)用电烙铁焊接导线时,必须使用焊料和焊剂。焊料一般为丝状焊锡或纯锡,常见的焊剂有松香、焊膏等。

(4)对焊接的基本要求是焊点必须牢固,锡液必须充分渗透,焊点表面光滑有泽,应防止出现"虚焊"和"夹生焊"。产生"虚焊"的原因是因为焊件表面未清除干净或焊剂太少,使得焊锡不能充分流动,造成焊件表面挂锡太少,焊件之间未能充分固定;造成"夹生焊"的原因是因为烙铁温度低或焊接时烙铁停留时间太短,焊锡未能充分熔化。

### B.8.2　注意事项

(1)使用前应检查电源线是否良好,有无被烫伤。

(2)焊接电子类元件(特别是集成块)时,应采用防漏电等安全措施。

(3)当焊头因氧化而不"吃锡"时,不可硬烧。

(4)当焊头上锡较多不便焊接时,不可甩锡、不可敲击。

(5)焊接较小元件时,时间不宜过长,以免因热损坏元件或绝缘。

(6)焊接完毕,应拔去电源插头,将电烙铁置于金属支架上,防止烫伤或火灾的发生。

### B.9　高压验电器

它主要用来检验设备对地电压在250 V以上的高压电气设备。目前,广泛采用的有发光型、声光型和风车式三种类型。它们一般都是由检测部分(指示器部分或风车)、绝缘部分、握手部分三大部分组成。绝缘部分系指自指示器下部金属衔接螺丝起至罩护环止的部分,握手部分系指罩护环以下的部分。其中,绝缘部分、握手部分根据电压不同的等级其长度也不相同。

### B.9.1　用途

高压验电器用来检测高压架空线路电缆线路、高压用电设备是否带电。

### B.9.2　安全操作要点

(1)应选用电压等级相符,且经试验合格的产品。

(2)使用前应对验电器的外观进行检查,试验是否超周期,外表是否损坏、破伤,绝缘杆应清洁、无破损等。

(3)使用前应检查验电器报警装置是否正常。

(4)验电前应先在确知带电设备上试验,以证实其完好后,方可使用。

(5)使用高压验电器时,不要直接接触设备的带电部分,而要逐渐接近,致氖灯发亮为止。

(6)使用时应注意避免因受邻近带电设备影响而使验电器氖灯发亮,引起误判断。验电器与带电设备距离:电压为 6 kV 时,大于 150 mm;电压为 10 kV 时,大于 250 mm。

### B.9.3　注意事项

(1)使用的高压验电器必须是经电气试验合格的验电器,高压验电器必须定期试验,确保其性能良好;

(2)使用高压验电器必须穿戴高压绝缘手套、绝缘鞋,并有专人监护;

(3)在使用验电器之前,应首先检验验电器是否良好、有效外,还应在电压等级相适应的带电设备上检验报警正确,方能到需要接地的设备上验电,禁止使用电压等级不对应的验电器进行验电,以免现场测验时得出错误的判断;

(4)验电时必须精神集中,不能做与验电无关的事,如接打手机等,以免错验或漏验;

(5)使用验电器进行验电时,必须将绝缘杆全部拉出到位;

(6)对线路的验电应逐相进行,对联络用的断路器或隔离开关或其他检修设备验电时,应在其进出线两侧各相分别验电;

(7)对同杆塔架设的多层电力线路进行验电时,先验低压、后验高压、先验下层、后验上层;

(8)在电容器组上验电,应待其放电完毕后再进行;

(9)验电时让验电器顶端的金属工作触头逐渐靠近带电部分,至氖泡发光或发出音响报警信号为止,不可直接接触电气设备的带电部分,验电器不应受邻近带电体的影响,以至发出错误的信号;

(10)验电时如果需要使用梯子,应使用绝缘材料的牢固梯子,并应采取必要的防滑措施,禁止使用金属材料梯;

(11)验电完备后,应立即进行接地操作,验电后因故中断未及时进行接地,若需要继续操作必须重新验电。

### B.10    钳形电流表

钳形表最基本的使用是测量交流电流,虽然准确度较低(通常为 2.5 级或 5 级),但因在测量时无须切断电路,因而使用仍很广泛。如需进行直流电流的测量,则应选用交直流两用钳形表。

#### B.10.1    测量前的准备

(1)检查仪表的钳口上是否有杂物或油污,待清理干净后再测量。

(2)进行仪表的机械调零。

#### B.10.2    用钳形电流表测量

(1)估计被测电流的大小,将转换开关调至需要的测量挡。如无法估计被测电流的大小,先用最高量程挡测量,然后根据测量情况调到合适的量程。

(2)握紧钳柄,使钳口张开,放置被测导线。为减少误差,被测导线应置于钳形口的中央。

(3)钳口要紧密接触,如遇有杂音时可检查钳口清洁,或重新开口一次,再闭合。

(4)在测量较大电流后,为减小剩磁对测量结果的影响,应立即测量较小电流,并把钳口开合数次;测量 5 A 以下的小电流时,为提高测量精度,在条件允许的情况下,可将被测导线多绕几圈,再放入钳口进行测量。此时实际电流应是仪表读数除以放入钳口中的导线圈数。

(5)测量完毕,将选择量程开关拨到最大量程挡位上。

#### B.10.3    注意事项

(1)使用前应检查外观是否良好,绝缘有无破损,手柄是否清洁、干燥;

(2)测量时应戴绝缘手套或干净的线手套,并注意保持安全间距;

(3)测量过程中不得切换挡位;

(4)钳形电流表只能用来测量低压系统的电流,被测线路的电压不能超过钳形表所规定的使用电压;

(5)每次测量只能钳入一根导线;

(6)若不是特别必要,一般不测量裸导线的电流;

(7)测量完毕应将量程开关置于最大挡位,以防下次使用时,因疏忽大意而造成仪表的意外损坏;

(8)使用钳形电流表测量工作应有两人进行;

(9)在较小空间内(如配电箱等)测量时,要防止因钳口的张开而引起相间短路。

### B.11    兆欧表

兆欧表又称摇表,是专门用于测量绝缘电阻的仪表,它的计量单位是兆欧($M\Omega$)。

#### B.11.1    正确选用兆欧表

兆欧表的选用主要考虑两个方面:一是电压等级,二是测量范围。

(1)兆欧表的额定电压应根据被测电气设备的额定电压来选择。测量 500 V 以下的设备,选用 500 V 或 1 000 V 的兆欧表;额定电压在 500 V 以上的设备,应选用 1 000 V 或 2 500 V 的兆欧表;对于绝缘子、母线等要选用 2 500 V 或 3 000 V 兆欧表。

（2）兆欧表测量范围的选择主要考虑两点：一是测量低压电气设备的绝缘电阻时可选用 0～200 MΩ 的兆欧表，测量高压电气设备或电缆时可选用 0～2 000 MΩ 的兆欧表；二是因为有些兆欧表的起始刻度不是零，而是 1 MΩ 或 2 MΩ，这种仪表不宜用来测量处于潮湿环境中的低压电气设备的绝缘电阻，因其绝缘电阻可能小于 1 MΩ，造成仪表上无法读数或读数不准确。

### B.11.2　使用前检查兆欧表是否完好

将兆欧表水平且平稳放置，检查指针偏转情况：将 $E,L$ 两端开路，以约 120 r/min 的转速摇动手柄，观测指针是否指到"∞"处；然后将 $E,L$ 两端短接，缓慢摇动手柄，观测指针是否指到"0"处，经检查完好才能使用。兆欧表的常见接线方法如图 B–9 所示。

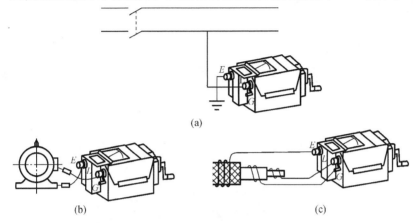

图 B–9　兆欧表常见接线方法

（a）测量线路绝缘电阻；（b）测量电动机的绝缘电阻；（c）测量电缆的绝缘电阻

### B.11.3　兆欧表的使用

（1）兆欧表放置平稳牢固，被测物表面擦干净，以保证测量正确。

（2）正确接线兆欧表有三个接线柱，即线路（$L$）、接地（$E$）和屏蔽（$G$）。根据不同测量对象做相应接线，如图 B–9 所示。测量线路对地绝缘电阻时，$E$ 端接地，$L$ 端接于被测线路上；测量电机或设备绝缘电阻时，$E$ 端接电机或设备外壳，$L$ 端接被测绕组的一端；测量电机或变压器绕组间绝缘电阻时先拆除绕组间的连接线，将 $E$、$L$ 端分别接于被测的两相绕组上；测量电缆绝缘电阻时将 $E$ 端接电缆外表皮（铅套）上，$L$ 端接线芯，$G$ 端接芯线最外层绝缘层上。

（3）由慢到快摇动手柄，直到转速达 120 r/min 左右，保持手柄的转速均匀、稳定，一般转动 1 min，待指针稳定后读数。

（4）测量完毕，待兆欧表停止转动和被测物接地放电后方能拆除连接导线。

### B.11.4　注意事项

因兆欧表本身工作时产生高压电，为避免人身及设备事故必须重视以下几点：

（1）不能在设备带电的情况下测量其绝缘电阻。测量前被测设备必须切断电源和负载，并进行放电；已用兆欧表测量过的设备如要再次测量，也必须先接地放电。

（2）兆欧表测量时要远离大电流导体和外磁场。

（3）与被测设备的连接导线应用兆欧表专用测量线或选用绝缘强度高的两根单芯多股软线,两根导线切忌绞在一起,以免影响测量准确度。

（4）测量过程中,如果指针指向"0"位,表示被测设备短路,应立即停止转动手柄。

（5）被测设备中如有半导体器件,应先将其插件板拆去。

（6）测量过程中不得触及设备的测量部分,以防触电。

（7）测量电容性设备的绝缘电阻时,测量完毕,应对设备充分放电。

## B.12 直流单臂电桥

一般用万用表测中值电阻,但测量值不够精确。在工程上要较准确测量中值电阻,常用直流单臂电桥(也称惠斯登电桥)。该仪表适用于测量 $1 \sim 10^6 \ \Omega$ 的电阻值,其主要特点是灵敏度和测试精度都很高,而且使用方便。

### B.12.1 直流单臂电桥使用

以 QJ23 型直流单臂电桥为例来说明它的使用。如图 B – 10 为 QJ23 型直流单臂电桥的面板图。

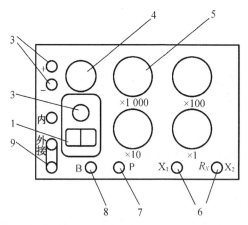

**图 B –10 QJ23 型直流单臂电桥面板图**

1—流计;2—统计零;3—外接电子;4—比例臂;5—比较臂;6—测量子;7—检流计按钮;8—电源按检;9—外接流计子

（1）把电桥放平稳,断开电源和检流计按钮,进行机械调零,使检流计指针和零线重合。

（2）用万用表电流挡粗测被测电阻值,选取合理的比例臂。使电桥比较臂的四个读数盘都利用起来,以得到 4 个有效数值,保证测量精度。

（3）按选取的比例臂,调好比较臂电阻。

（4）将被测电阻 $R_X$ 接入 $X_1$、$X_2$ 接线柱,先按下电源按钮 B,再按检流计按钮 P,若检流计指针摆向"＋"端,需增大比较臂电阻,若指针摆向"－"端,需减小比较臂电阻。反复调节,直到指针指到零位为止。

（5）读出比较臂的电阻值再乘以倍率,即为被测电阻值。

（6）测量完毕后,先断开 P 钮,再断开 B 钮,拆除测量接线。

### B.12.2 注意事项

（1）正确选择比例臂,使比较臂的第一盘(×1 000)上的读数不为0,才能保证测量的准确度。

（2）为减少引线电阻带来的误差,被测电阻与测量端的连接导线要短而粗。还应注意各端钮是否拧紧,以避免接触不良引起电桥的不稳定。

（3）当电池电压不足时应立即更换,采用外接电源时应注意极性与电压额定值。

（4）被测物不能带电。对含有电容的元件应先放电 1 min 后再测量。

## B.13 指针式万用表

万用表是一种多功能、多量程的便携式电工仪表,一般的万用表可以测量直流电流、直流电压、交流电压和电阻等。有些万用表还可测量电容、功率、晶体管共射极直流放大系数 $h_{FE}$ 等。所以万用表是电工必备的仪表之一。万用表可分为指针式万用表和数字式万用表。

指针式万用表的形式很多,但基本结构是类似的。指针式万用表的结构主要由表头、转换开关、测量线路、面板等组成。表头采用高灵敏度的磁电式机构,是测量的显示装置;转换开关用来选择被测电量的种类和量程;测量线路将不同性质和大小的被测电量转换为表头所能接受的直流电流。图 B－11 为 MF－30 型万用表外形图,该万用表可以测量直流电流、直流电压、交流电压和电阻等多种电量。当转换开关拨到直流电流挡,可分别与 5 个接触点接通,用于测量 500 mA、50 mA、5 mA、500 μA、50 μA 量程的直流电流。同样,当转换开关拨到欧姆挡,可分别测量 1 kΩ、10 kΩ、100 kΩ、1 kΩ、10 kΩ 量程的电阻;当转换开关拨到直流电压挡,可分别测量 1 V、5 V、25 V、100 V、500 V 量程的直流电压;当转换开关拨到交流电压挡,可分别测量 500 V、100 V、10 V 量程的交流电压。

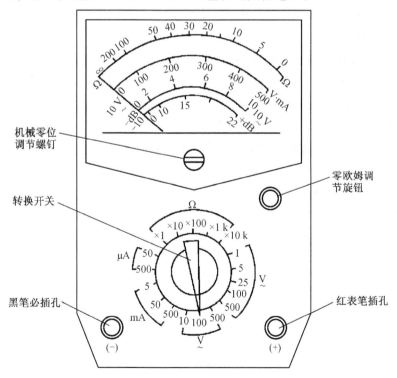

图 B－11　MF－30 型万用表外形图

### B.13.1 准备工作

由于万用表种类形式很多,在使用前要做好测量的准备工作:

（1）熟悉转换开关、旋钮、插孔等的作用,检查表盘符号,"▢"表示水平放置,"⊥"表示垂直使用。

（2）了解刻度盘上每条刻度线所对应的被测电量。

（3）检查红色和黑色两根表笔所接的位置是否正确,红表笔插入" + "插孔,黑表笔插入" – "插孔,有些万用表另有交直流2 500 V 高压测量端,在测高压时黑表笔不动,将红表笔插入高压插口。

（4）机械调零。旋动万用表面板上的机械零位调整螺丝,使指针对准刻度盘左端的"0"位置。

### B.13.2　测量直流电压

（1）把转换开关拨到直流电压挡,并选择合适的量程。当被测电压数值范围不清楚时,可先选用较高的测量范围挡,再逐步选用低挡,测量的读数最好选在满刻度的2/3 处附近。

（2）把万用表并接到被测电路上,红表笔接到被测电压的正极,黑表笔接到被测电压的负极,不能接反。

（3）根据指针稳定时的位置及所选量程,正确读数。

### B.13.3　测量交流电压

（1）把转换开关拨到交流电压挡,选择合适的量程。

（2）将万用表两根表笔并接在被测电路的两端,不分正负极。

（3）根据指针稳定时的位置及所选量程,正确读数。其读数为交流电压的有效值。

### B.13.4　测量直流电流

（1）把转换开关拨到直流电流挡,选择合适的量程。

（2）将被测电路断开,万用表串接于被测电路中。注意正、负极性:电流从红表笔流入,从黑表笔流出,不可接反。

（3）根据指针稳定时的位置及所选量程,正确读数。

### B.13.5　用万用表测量电压或电流时的注意事项

（1）测量时,不能用手触摸表笔的金属部分,以保证安全和测量的准确性。

（2）测直流量时要注意被测电量的极性,避免指针反打而损坏表头。

（3）测量较高电压或大电流时,不能带电转动转换开关,避免转换开关的触点产生电弧而被损坏。

（4）测量完毕后,将转换开关置于交流电压最高挡或空挡。

### B.13.6　测量电阻

（1）把转换开关拨到欧姆挡,合理选择量程。

（2）两表笔短接,进行电调零,即转动零欧姆调节旋钮,使指针打到电阻刻度右边的"0"Ω 处。

（3）将被测电阻脱离电源,用两表笔接触电阻两端,从表头指针显示的读数乘所选量程的倍率数即为所测电阻的阻值。如选用 $R \times 100$ 挡测量,指针指示40,则被测电阻值为 $40 \times 100 = 4\ 000\ \Omega = 4\ k\Omega$。

### B.13.7　用万用表测量电阻时的注意事项

（1）不允许带电测量电阻,否则会烧坏万用表。

（2）万用表内干电池的正极与面板上"－"号插孔相连,干电池的负极与面板上"＋"号插孔相连。在测量电解电容和晶体管等器件的电阻时要注意极性。

（3）每换一次倍率挡,要重新进行电调零。

（4）不允许用万用表电阻挡直接测量高灵敏度表头内阻,以免烧坏表头。（万用表内电池电压也可能足以使表头过流烧坏）

（5）不准用两只手捏住表笔的金属部分测电阻,否则会将人体电阻并接于被测电阻而引起测量误差。

（6）测量完毕,将转换开关置于交流电压最高挡或空挡。

## B. 14　数字万用表

数字万用表属于比较简单的测量仪器,如图 B－12 所示。从数字万用表的电压、电阻、电流、二极管、三极管等测量方法开始,让你更好地掌握万用表测量方法。

图 B－12　数字万用表

### B. 14. 1　电压的测量

（1）直流电压的测量,如电池、随身听电源等。首先将黑表笔插进"COM"孔,红表笔插进"VΩ"。把旋钮选到比估计值大的量程（注意:表盘上的数值均为最大量程,"V－"表示直流电压挡,"V～"表示交流电压挡,"A"是电流挡）,接着把表笔接电源或电池两端;保持接触稳定。数值可以直接从显示屏上读取,若显示为"1.",则表明量程太小,那么就要加大量程后再测量。如果在数值左边出现"－",则表明表笔极性与实际电源极性相反,此时红表笔接的是负极。

（2）交流电压的测量。表笔插孔与直流电压的测量一样,只不过是将旋钮打到交流挡"V～"处所需的量程即可。交流电压无正负之分,测量方法跟前面相同。无论测交流还是直流电压,都要注意人身安全,不要随便用手触摸表笔的金属部分。

### B. 14. 2　电流的测量

（1）直流电流的测量。先将黑表笔插入"COM"孔。若测量大于 200 mA 的电流,则要将红表笔插入"10 A"插孔并将旋钮打到直流"10 A"挡;若测量小于 200 mA 的电流,则将红表笔插入"200 mA"插孔,将旋钮打到直流 200 mA 以内的合适量程。调整好后,就可以测量了。将万用表串联进电路中,保持稳定,即可读数。若显示为"1.",那么就要加大量程;如果在数值左边出现" –",则表明电流从黑表笔流进万用表。

(2)交流电流的测量。测量方法与(1)相同,不过挡位应该打到交流挡位,电流测量完毕后应将红笔插回"V Ω"孔,若忘记这一步而直接测电压,会烧毁仪表,严重情况会发生事故。

### B.14.3　电阻的测量

将表笔插进"COM"和"V Ω"孔中,把旋钮打旋到"Ω"中所需的量程,用表笔接在电阻两端金属部位,测量中可以用手接触电阻,但不要把手同时接触电阻两端,这样会影响测量精确度的——人体是电阻很大但是有限大的导体。读数时,要保持表笔和电阻有良好的接触;注意单位,在"200"挡时单位是"Ω",在"2 K"到"200 K"挡时单位为"kΩ","2 M"以上的单位是"MΩ"。

### B.14.4　二极管的测量

数字万用表用于测量发光二极管、整流二极管……时,表笔位置与电压测量一样,将旋钮旋到"——▶|——"挡;用红表笔接二极管的正极,黑表笔接二极管负极,这时会显示二极管的正向压降。肖特基二极管的压降是 0.2 V 左右,普通硅整流管(1N4000、1N5400 系列等)约为0.7 V,发光二极管为 1.8 ~ 2.3 V。调换表笔,显示屏显示"1."则为正常,因为二极管的反向电阻很大,否则此管已被击穿。

### B.14.5　三极管的测量

表笔插位同上,其原理同二极管。先假定 A 脚为基极,用黑表笔与该脚相接,红表笔与其他两脚分别接触其他两脚;若两次读数均为 0.7 V 左右,然后再用红 笔接 A 脚,黑笔接触其他两脚,若均显示"1."则 A 脚为基极,否则需要重新测量,且此管为 PNP 管。对于集电极和发射极的区别,我们可以利用"$h_{FE}$"挡来判断:先将挡位打到"$h_{FE}$"挡,可以看到挡位旁有一排小插孔,分为 PNP 管和 NPN 管的测量。前面已经判断出管型,将基极插入对应管型"b"孔,其余两脚分别插入"c"孔和"e"孔,此时可以读取数值,即 β 值;再固定基极,其余两脚对调;比较两次读数,读数较大的管脚位置与表面"c""e"相对应。

上述方法只能直接对如 9000 系列的小型管测量,若要测量大管,可以采用接线法,即用小导线将三个管脚引出,这样方便了很多。

## B.15　交流毫伏表

交流毫伏表如图 B – 13 所示。

常用的单通道晶体管毫伏表,具有测量交流电压、电平测试、监视输出等三大功能。交流测量范围是 100 mV ~ 300 V,5 Hz ~ 2 MHz,分 1 mV,3 mV,10 mV,30 mV,100 mV,300 mV,1 V,3 V,10 V,30 V,100 V,300 V 共 12 挡。现将其基本使用方法介绍如下。

### B.15.1　开机前的准备工作

(1)将通道输入端测试探头上的红、黑色鳄鱼夹短接;
(2)将量程开关选最高量程(300 V)。

图 B-13　交流毫伏表

### B.15.2　操作步骤

(1)接通 220 V 电源,按下电源开关,电源指示灯亮,仪器立刻工作。为了保证仪器稳定性,需预热 10 s 后使用,开机后 10 s 内指针无规则摆动属正常。

(2)将输入测试探头上的红、黑鳄鱼夹断后与被测电路并联(红鳄鱼夹接被测电路的正端,黑鳄鱼夹接地端),观察表头指针在刻度盘上所指的位置,若指针在起始点位置基本没动,说明被测电路中的电压甚小,且毫伏表量程选得过高,此时用递减法由高量程向低量程变换,直到表头指针指到满刻度的 2/3 左右即可。

(3)准确读数。表头刻度盘上共有四条刻度。第一条刻度和第二条刻度为测量交流电压有效值的专用刻度,第三条刻度和第四条刻度为测量分贝值的刻度。当量程开关分别选 1 mV、10 mV、100 mV、1 V、10 V、100 V 挡时,就从第一条刻度读数;当量程开关分别选 3 mV、30 mV、300 mV、3 V、30 V、300 V 挡时,应从第二条刻度读数(逢 1 就从第一条刻度读数,逢 3 就从第二刻度读数)。例如,将量程开关置"1 V"挡,就从第一条刻度读数。若指针指的数字是在第一条刻度的"0.7"处,其实际测量值为 0.7 V;若量程开关置"3 V"挡,就从第二条刻度读数。若指针指在第二条刻度的"2"处,其实际测量值为 2 V。以上举例说明,当量程开关选在哪个挡位,比如,1 V 挡位,此时毫伏表可以测量外电路中电压的范围是 0 ~ 1 V,满刻度的最大值也就是 1 V。当用该仪表去测量外电路中的电平值时,就从第三条刻度和第四条刻度读数,读数方法是量程数加上指针指示值等于实际测量值。

### B.15.3　注意事项

(1)仪器在通电之前,一定要将输入电缆的红、黑鳄鱼夹相互短接。防止仪器在通电时因外界干扰信号通过输入电缆进入电路放大后,再进入表头将表针打弯。

(2)当不知被测电路中电压值大小时,首先必须将毫伏表的量程开关置最高量程,然后根据表针所指的范围,采用递减法合理选挡。

(3)若要测量高电压,输入端黑色鳄鱼夹必须接在"地"端。

(4)测量前应短路调零。打开电源开关,将测试线(也称开路电缆)的红黑夹子夹在一起,将量程旋钮旋到 1 mV 量程,指针应指在零位(有的毫伏表可通过面板上的调零电位器进行调零,凡面板无调零电位器的,内部设置的调零电位器已调好)。若指针不指在零位,应检查测试线是否断路或接触不良,应更换测试线。

(5)交流毫伏表灵敏度较高,打开电源后,在较低量程时由于干扰信号(感应信号)的作用,指针会发生偏转,称为自起现象。所以,在不测试信号时应将量程旋钮旋到较高量程挡,以防打弯指针。

(6)交流毫伏表接入被测电路时,其地端(黑夹子)应始终接在电路的地上(成为公共接地),以防干扰。

(7)交流毫伏表表盘刻度分为0—1和0—3两种刻度,量程旋钮切换量程分为逢一量程(1 mV、10 mV、0.1 V…)和逢三量程(3 mV、30 mV、0.3 V…),凡逢一的量程直接在0—1刻度线上读取数据,凡逢三的量程直接在0—3刻度线上读取数据,单位为该量程的单位,无须换算。

(8)使用前应先检查量程旋钮与量程标记是否一致,若错位会产生读数错误。

(9)交流毫伏表只能用来测量正弦交流信号的有效值,若测量非正弦交流信号要经过换算。

(10)不可用万用表的交流电压挡代替交流毫伏表测量交流电压(万用表内阻较低,用于测量50 Hz左右的工频电压)。

# 附录C 用电安全及防护

## C.1 用电安全

电流对人体的伤害。电流对人体的伤害有电击、电伤和电磁场生理伤害。电击是指电流通过人体,破坏人体心脏、肺及神经系统的正常功能。电伤是指电流热效应、化学效用和机械效应对人体的伤害、主要是指电弧烧伤、溶化金属溅出烫伤等。电磁场生理伤害是指高频磁场的作用下,人会出现头晕乏力、记忆力减退和失眠多梦等神经系统的症状。

一般认为,电流通过人体的心脏、肺部和中枢神经系统的危险性是比较大的,特别是电流通过心脏时,危险性最大。所以从手到脚的电流途径是最为危险。触电还容易因剧烈痉挛而摔倒,导致电流通过全身并造成摔伤、坠落等二次事故。

## C.2 防止触电的技术措施

为了达到安全用电的目的,必须采用可靠的技术措施,防止触电事故发生。绝缘、安全间距、漏电保护、安全电压、遮栏及阻挡物等都是防止直接触电的防护措施。保护接地、保护接零是间接触电防护措施中最基本的措施。所谓间接触电防护措施是指防止人体各个部位触及正常情况下不带电,而在故障情况下才变为带电的电器金属部分的技术措施。

专业电工人员在全部停电或部分停电的电气设备上工作时,在技术措施上,必须完成停电、验电、装设接地线、悬挂标示牌和装设遮栏后,才能开始工作。

### C.2.1 绝缘

1.绝缘的作用

绝缘是用绝缘材料把带电体隔离起来,实现带电体之间、带电体与其他物体之间的电气隔离,使设备能长期安全、正常的工作,同时可以防止人体触及带电部分,避免发生触电事故,所以绝缘在电气安全中有着十分重要的作用。良好的绝缘是设备和线路正常运行的必要条件,也是防止触电事故的重要措施。

绝缘具有很强隔电能力,被广泛地应用在许多电器、电气设备、装置及电气工程上,如胶木、塑料、橡胶、云母及矿物油等都是常用的绝缘材料。

2.绝缘破坏

绝缘材料经过一段时间的使用会发生绝缘破坏。绝缘材料除因在强电场作用下被击穿而破坏外,自然老化、电化学击穿、机械损伤、潮湿、腐蚀、热老化等也会降低其绝缘性能或导致绝缘破坏。

绝缘体承受的电压超过一定数值时,电流穿过绝缘体而发生放电现象称为电击穿。

气体绝缘在击穿电压消失后,绝缘性能还能恢复;液体绝缘多次击穿后,将严重降低绝缘性能;而固体绝缘击穿后,就不能再恢复绝缘性能。

在长时间存在电压的情况下,由于绝缘材料的自然老化、电化学作用、热效应作用,使其绝缘性能逐渐降低,有时电压并不是很高也会造成电击穿。所以,绝缘需定期检测,保证电气绝缘的安全可靠。

3.绝缘安全用具

在一些情况下,手持电动工具的操作者必须戴绝缘手套、穿绝缘鞋(靴),或站在绝缘垫(台)上工作,采用这些绝缘安全用具使人与地面,或使人与工具的金属外壳,其中包括与其相连的金属导体,隔离开来。这是目前简便可行的安全措施。

为了防止机械伤害,使用手电钻时不允许戴线手套。绝缘安全用具应按有关规定进行定期耐压试验和外观检查,凡是不合格的安全用具严禁使用,绝缘用具应由专人负责保管和检查。

常用的绝缘安全用具有绝缘手套、绝缘靴、绝缘鞋、绝缘垫和绝缘台等。绝缘安全用具可分为基本安全用具和辅助安全用具。基本安全用具的绝缘强度能长时间承受电气设备的工作电压,使用时,可直接接触电气设备的有电部分。辅助安全用具的绝缘强度不足以承受电气设备的工作电压,只能加强基本安全用具的保护安全作用,必须与基本安全用具一起使用。在低压带电设备上工作时,绝缘手套、绝缘鞋(靴)、绝缘垫可作为基本安全用具使用,在高压情况下,只能用作辅助安全用具。

### C.2.2　屏护

屏护是指采用遮栏、围栏、护罩、护盖或隔离板等把带电体同外界隔绝开来,以防止人体触及或接近带电体所采取的一种安全技术措施。除防止触电的作用外,有的屏护装置还能起到防止电弧伤人、防止弧光短路或便利检修工作等作用。配电线路和电气设备的带电部分,如果不便加包绝缘或绝缘强度不足时,就可以采用屏护措施。

开关电器的可动部分一般不能加包绝缘,而需要屏护。其中防护式开关电器本身带有屏护装置,如胶盖闸刀开关的胶盖、铁壳开关的铁壳等;开启式石板闸刀开关需要另加屏护装置。起重机滑触线以及其他裸露的导线也需另加屏护装置。对于高压设备,由于全部加绝缘往往有困难,而且当人接近至一定程度时,即会发生严重的触电事故。因此,不论高压设备是否已加绝缘,都要采取屏护或其他防止接近的措施。

变配电设备,凡安装在室外地面上的变压器以及安装在车间或公共场所的变配电装置,都需要设置遮栏或栅栏作为屏护。邻近带电体的作业中,在工作人员与带电体之间及过道、入口等处应装设可移动的临时遮栏。

屏护装置不直接与带电体接触,对所用材料的电性能没有严格要求。屏护装置所用材料应当有足够的机械强度和良好的耐火性能。但是金属材料制成的屏护装置,为了防止其意外带电造成触电事故,必须将其接地或接零。

屏护装置的种类,有永久性屏护装置,如配电装置的遮栏、开关的罩盖等;临时性屏护装置,如检修工作中使用的临时屏护装置和临时设备的屏护装置;固定屏护装置,如母线的护网;移动屏护装置,如跟随天车移动的天车滑线的屏护装置等。

使用屏护装置时,还应注意以下几点:

(1)屏护装置应与带电体之间保持足够的安全距离。

(2)被屏护的带电部分应有明显标志,标明规定的符号或涂上规定的颜色。

遮栏、栅栏等屏护装置上应有明显的标志,如根据被屏护对象挂上"止步,高压危险!""禁止攀登,高压危险!"等标示牌,必要时还应上锁。标示牌只应由担负安全责任的人员进行布置和撤除。

(3)遮栏出入口的门上应根据需要装锁,或采用信号装置、联锁装置。前者一般是用灯光或仪表指示有电;后者是采用专门装置,当人体超过屏护装置而可能接近带电体时,被屏护的带电体将会自动断电。

### C.2.3　漏电保护器

漏电保护器是一种在规定条件下电路中漏(触)电流(mA)值达到或超过其规定值时能自动断开电路或发出报警的装置。

漏电是指电器绝缘损坏或其他原因造成导电部分碰壳时,如果电器的金属外壳是接地的,那么电就由电器的金属外壳经大地构成通路,从而形成电流,即漏电电流,也叫作接地电流。当漏电电流超过允许值时,漏电保护器能够自动切断电源或报警,以保证人身安全。

漏电保护器动作灵敏,切断电源时间短,因此只要能够合理选用和正确安装、使用漏电保护器,除了保护人身安全以外,还有防止电气设备损坏及预防火灾的作用。

必须安装漏电保护器的设备和场所如下:

(1)属于Ⅰ类的移动式电气设备及手持式电气工具;

(2)安装在潮湿、强腐蚀性等恶劣环境场所的电器设备;

(3)建筑施工工地的电气施工机械设备,如打桩机、搅拌机等;

(4)临时用电的电器设备;

(5)宾馆、饭店及招待所客房内及机关、学校、企业、住宅等建筑物内的插座回路;

(6)游泳池、喷水池、浴池的水中照明设备;

(7)安装在水中的供电线路和设备;

(8)医院在直接接触人体的电气医用设备;

(9)其他需要安装漏电保护器的场所。

漏电保护器的安装、检查等应由专业电工负责进行。对电工应进行有关漏电保护器知识的培训和考核。其内容包括漏电保护器的原理、结构、性能、安装使用要求、检查测试方法和安全管理等。

### C.2.4　安全电压

把可能加在人身上的电压限制在某一范围之内,使得在这种电压下,通过人体的电流不超过允许的范围。这种电压就叫作安全电压,也叫作安全特低电压。但应注意,任何情况下都不能把安全电压理解为绝对没有危险的电压。具有安全电压的设备属于Ⅲ设备。

我国确定的安全电压标准是 42 V,36 V,24 V,12 V,6 V。特别危险环境中使用的手持电动工具应采用 42 V 安全电压;有电击危险环境中,使用的手持式照明灯和局部照明灯应采用 36 V 或 24 V 安全电压;金属容器内、特别潮湿处等特别危险环境中使用的手持式照明灯应采用 12 V 安全电压;在水下作业等场所工作应使用 6 V 安全电压。

当电气设备采用超过 24 V 的安全电压时,必须采取防止直接接触带电体的保护措施。

### C.2.5　安全间距

安全间距是指在带电体与地面之间、带电体与其他设施、设备之间、带电体与带电体之间保持的一定安全距离,简称间距。设置安全间距的目的是防止人体触及或接近带电体造成触电事故,防止车辆或其他物体碰撞或过分接近带电体造成事故;防止电气短路事故、过电压放电和火灾事故;便于操作。安全间距的大小取决于电压高低、设备类型、安装方式等因素。

### C.2.6　接零与接地

在工厂里,使用的电气设备很多。为了防止触电,通常可采用绝缘、隔离等技术措施以保障用电安全。但工人在生产过程中经常接触的是电气设备不带电的外壳或与其连接的金属体。这样,当设备万一发生漏电故障时,平时不带电的外壳就带电,并与大地之间存在电压,就会使操作人员触电。这种意外的触电是非常危险的。为了解决这个不安全的问题,采取的主要的安全措施,就是对电气设备的外壳进行保护接地或保护接零,如图 C-1 所示。

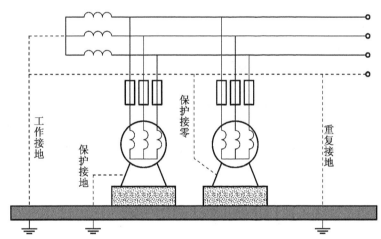

图 C-1　保护接地、工作接地、重复接地及保护接零示意图

1. 保护接零

将电气设备在正常情况下不带电的金属外壳与变压器中性点引出的工作零线或保护零线相连接,这种方式称为保护接零。当某相带电部分碰触电气设备的金属外壳时,通过设备外壳形成该相线对零线的单相短路回路,该短路电流较大,足以保证在最短的时间内使熔丝熔断、保护装置或自动开关跳闸,从而切断电流,保障了人身安全。保护接零的应用范围,主要是用于三相四线制中性点直接接地供电系统中的电气设备。在工厂里也就是用于 380/220 V 的低压设备上。

在中性点直接接地的低压配电系统中,为确保保护接零方式的安全可靠,防止零线断线所造成的危害,系统中除了工作接地外,还必须在整个零线的其他部位再进行必要的接地。这种接地称为重复接地。

2. 保护接地

保护接地是指将电气设备平时不带电的金属外壳用专门设置的接地装置实行良好的金属性连接。保护接地的作用是当设备金属外壳意外带电时,将其对地电压限制在规定的安全范围内,消除或减小触电的危险。保护接地最常用于低压不接地配电网中的电气设备。

3. 重复接地

重复接地是指在采用接零保护系统中,将零线的一处或多处通过接地装置与大地做再次连接成为重复接地,是确保接零保护安全、可靠的重要措施。重复接地是指在采用接零保护系统中,将零线的一处或多处通过接地装置与大地做再次连接成为重复接地,是确保接零保护安全、可靠的重要措施。

4. 工作接地

现在广泛使用的三相四线制供电系统,配电变压器的中性点一般是直接 接地的,这种接地叫作工作接地。工作接地的作用是保持系统电位的稳定性,即减轻低压系统由高压窜入低压系统所产生过电压的危险性。如没有工作接地,则当10 kV的高压窜入低压时,低压系统的对地电压上升为5 800 V左右。

# 参 考 文 献

[1]  邱关源.电路[M].4版.北京:高等教育出版社,1999.

[2]  秦曾煌,姜三勇.电工学 [M].7版.北京:高等教育出版社,2010.

[3]  孙文卿,朱承高.电工学试题汇编[M].北京:高等教育出版社,1993.

[4]  杨儒贵.电磁场与电磁波[M].北京:高等教育出版社,2010.

[5]  顾绳谷.电机及拖动基础[M].北京:机械工业出版社,2000.

[6]  夏承铨.电路分析[M].武汉:武汉理工大学出版社,2006.

[7]  贺洪江.电路基础[M].北京:高等教育出版社,2011.

[8]  梁贵书.电路理论基础[M].北京:中国电力出版社,2009.

[9]  邱关源.电路[M].5版.北京:高等教育出版社,2011.

[10]  唐介.电工学[M].北京:高等教育出版社,1999.

[11]  齐占庆.机床电气控制[M].北京:机械工业出版社,1999.